Manuel Rimkus

Wissenstransfer in Clustern

GABLER EDITION WISSENSCHAFT

Manuel Rimkus

Wissenstransfer in Clustern

Eine Analyse am Beispiel des Biotech-Standorts Martinsried

Mit einem Geleitwort von Prof. Dr. Hans-Dieter Haas
und Dr. Hans-Martin Zademach

GABLER EDITION WISSENSCHAFT

Bibliografische Information der Deutschen Nationalbibliothek
Die Deutsche Nationalbibliothek verzeichnet diese Publikation in der Deutschen Nationalbibliografie; detaillierte bibliografische Daten sind im Internet über <http://dnb.d-nb.de> abrufbar.

1. Auflage 2008

Lektorat: Frauke Schindler / Britta Göhrisch-Radmacher

Gabler ist Teil der Fachverlagsgruppe Springer Science+Business Media.
www.gabler.de

Umschlaggestaltung: Regine Zimmer, Dipl.-Designerin, Frankfurt/Main
Gedruckt auf säurefreiem und chlorfrei gebleichtem Papier
Printed in Germany

ISBN 978-3-8349-1427-9

Geleitwort

Um als Standort im internationalen Wettbewerb bestehen zu können, sind ein trag- und anpassungsfähiges Ausbildungssystem, ein Pool leistungsstarker Arbeitskräfte sowie ein aktives Management der Ressource Wissen erfolgskritische Faktoren. Denn in der globalen Wissensökonomie konkurrieren heute nicht mehr nur einzelne vertikal integrierte Unternehmen; vielmehr interagieren verschiedene Wertschöpfungsketten, die fokal, relational oder modular in globalen Unternehmensnetzen gesteuert werden. In regionalen Clustern, wie dem im Münchner Süden gelegenen Biotechnologiestandort Martinsried, konzentriert sich eine Vielzahl dieser Interaktionen und findet in der räumlichen Ballung von innovativen Unternehmen Ausdruck. Die aktive Gestaltung der Wissensbasis und daraus resultierende Lernprozesse bestimmen dabei die Wettbewerbsfähigkeit der Unternehmen und deren Position im internationalen Wettbewerb. Vor diesem Hintergrund ergründet Manuel Rimkus die wesentlichen Mechanismen des Wissenstransfers am Standort Martinsried und zeigt Erfolgsfaktoren, Problemfelder und künftige Potentiale auf.

Die vorliegende Studie basiert auf einer Diplomarbeit, die am Lehrstuhl für Wirtschaftsgeographie der Ludwig-Maximilians-Universität München angefertigt wurde. Der Verfasser stützt seine Aussagen vornehmlich auf eine Auseinandersetzung mit den Ansätzen der Neuen Institutionenökonomie sowie zwei empirische Erhebungen. Die Ergebnisse der Untersuchung enthalten fachlich anregende Ideen sowie zahlreiche Hinweise für die betriebliche Praxis und unternehmensorientierte Regionalentwicklung. Insgesamt stellt die Arbeit ein positives Beispiel für den wissenschaftlich fundierten, kritisch-reflexiven Umgang mit einem aktuellen unternehmens- wie wirtschaftspolitisch relevanten Thema dar, aus der sich weitere Fallstudien über intendierte und nicht-intendierte Wissensvernetzung in regionalen Clustern, aber auch trans-lokalen Wissentransfer ergeben können.

München, im Oktober 2008 *Hans-Dieter Haas und Hans-Martin Zademach*

Vorwort

Im Gegensatz zur Popularität von Wissensmanagement als Prozess des intraorganisationalen Lernens steht die noch relativ geringe betriebswirtschaftliche Auseinandersetzung mit der Koordination von disparat verteiltem Wissen in lokalisierten Wertschöpfungssystemen. Die vorliegende Untersuchung trägt diesem Forschungsbedarf Rechnung und ergründet die Koordinationsmechanismen des interorganisationalen Wissenstransfers am Beispiel des Biotechnologiestandorts Martinsried. Hierbei liegt der inhaltliche Schwerpunkt auf der aktiven Steuerung der unterschiedlichen Beziehungen der Akteure vor Ort, um insbesondere praxisnahe Gestaltungsempfehlungen ableiten zu können. Es wird dabei anerkannt, dass die räumliche Konzentration heterogener Wirtschaftssubjekte nicht nur ökonomischen Prinzipien folgt, sondern das soziale Leben auf vielfältige Weise zusammenspielt.

Für den Biotechnologiesektor präsentiert sich Martinsried als Standort von internationalem Rang. Der Wissenscluster profitiert in hohem Maße von der Vernetzung der ansässigen Unternehmen und Organisationen. Diese erfolgt zum einen durch nichtintendierte, zufällige Ereignisse zum anderen über geplante Maßnahmen oder gezielte Dienstleistungsangebote. Ein erfolgreicher Wissenstransferprozess hängt jedoch nicht zuletzt von den handelnden Personen ab. Bemerkenswert ist die außergewöhnlich große Anzahl an hochqualifizierten und engagierten Menschen, die sowohl durch ihren Einsatz im Cluster als auch an dessen Schnittstellen außerhalb einen positiven Einfluss auf die dynamische Entwicklung des Biotechnologiestandorts ausüben.

Mein besonderer Dank gilt daher allen Teilnehmern der Experteninterviews sowie der Onlinebefragung, namentlich Prof. Dr. Horst Domdey, Prof. Dr. Peter Buckel, Dr. Valentin Kahl und Dr. Stefan Wimbauer. Zudem möchte ich mich herzlich für die hervorragende Betreuung meiner Diplomarbeit bei Prof. Dr. Hans-Dieter Haas und Dr. Hans-Martin Zademach bedanken. Gerade die freundschaftlichen Diskussionen mit Dr. Julian Doenecke, Dipl.-Kfm. Dominik Hildebrandt und Dipl.-Kfm. Dominik Neumair waren mir stets ein Quell neuen Wissens. Die Arbeit ist meinen Eltern gewidmet.

München, im Oktober 2008 *Manuel Rimkus*

Inhaltsverzeichnis

Abbildungs- und Tabellenverzeichnis

Anhang

Abkürzungsverzeichnis

A	Anhang
BMBF	Bundesministerium für Bildung und Forschung
CRM	Customer Relationship Management
DI	Dimension 1: Erfolgsfaktoren
DII	Dimension 2: Problemfaktoren
DIII	Dimension 3: Potentialfaktoren
DPMA	Deutsches Patent- und Markenamt
E	Experteninterview
EDI	Electronic Data Interchange
EPO	European Patent Office
EZ	Experteninterview (Zusatz)
FuE	Forschung und Entwicklung
FCF	Free Cash Flow
IBP	Industrielle Prozesse mit Biogenen Building Blocks und Performance Proteinen
ICS	Integriertes Kommunikationssystem
idw	Informationsdienst Wissenschaft
IHK	Industrie- und Handelskammer
IZB	Innovations- und Gründerzentrum Biotechnologie
KMU	Kleine und mittlere Unternehmen
M&A	Mergers & Acquisitions
MPI	Max-Planck-Innovation
MPI für (...)	Max-Planck-Institut für (...)

MPG	Max-Planck-Gesellschaft
PAT	Principal-Agent-Theorie
PR	Property Rights
PRT	Property-Rights-Theorie
ProCoBa	Project Collaboration Base
TKT	Transaktionskostentheorie
VirtOweB	Virtuelle Organisationsformen für wissensbasierte Biotechnologieprozesse
WIPO	World Intellectual Property Organization
Z	Zeile

1 Einleitung

Durch den sozioökonomischen Wandel von der Industrie- zur Wissensgesellschaft und die voranschreitende Globalisierung der Märkte avanciert das aktive Management der Ressource Wissen zu einem der wichtigsten Themen in Politik und Wirtschaft (vgl. u.a. Bamberger/Wrona 1996, S.130f.; Al-Laham 2003, S.2f.; Kujath 2005, S.23ff.). Wissen bildet gemäß Waldenberger (1998) aufgrund seiner Akkumulierbarkeit, arbeitsteiligen Nutzung sowie Freien-Guts-Eigenschaft den einzigen vermehrbaren Produktionsfaktor bei der Lockerung von Knappheitsproblemen. Die zunehmende Symbiose zwischen Wissen und Organisation führt im wissenschaftlichen Diskurs zu einer Reformulierung der Theorie der Unternehmung und verleiht wissensökonomischen Analysen für die Eruierung strategischer Wettbewerbsfaktoren einen neuen Stellenwert (vgl. Neumann 2000, S.4f.; Probst/Raub/Romhardt 2006, S.35f.).

Im Gegensatz zur Popularität von Wissensmanagement als Prozess der Veränderung des intraorganisationalen Lernens (vgl. Schmickl 2006, S.2f.) steht die noch relativ geringe theoretische und empirische Auseinandersetzung mit der räumlichen Koordination von disparat verteiltem Wissen in lokalisierten Wertschöpfungssystemen (vgl. Sternberg/Kiese/Schätzl 2004, S.177ff.; Kiese 2006, S.18f.). Während sich bereits seit den 1980er Jahren Autoren wie Polanyi (1985), Nonaka/Takeuchi (1995) oder Szulanski (1996) mit dem Wissenstransfer als einem zentralen Untersuchungsgebiet im Bereich Wissensmanagement auseinandersetzen (vgl. Holtshouse 1998, S.278f.; Thiel 2002, S.13f.), erkennen Lo/Schamp (2003, S.XIII) für den zwischenbetrieblichen Wissenstransfer in Clustern aktuell weiteren Forschungsbedarf:

> „What is particular about the economic geographical discourse is the perceived gap between the significance that is attributed to knowledge and learning as source of wealth of regions and nations on the one hand, and the lack of understanding of their spatial context on the other."

Für die wissenschaftliche Erkenntnisgewinnung stellt die Biotechnologiebranche aufgrund der intensiven Wissensnutzung, den dynamischen Innovationsprozessen und der Vielfalt an Schnittstellen zwischen den verschiedenen Wirtschaftsakteuren einen geeigneten Untersuchungsgegenstand dar (vgl. u.a. Powell et al. 2002; Cooke 2003; Casper 2007; Trippl/Tödtling 2007; Häussler/Zademach 2007). Als Bestandteil des bayerischen High-Tech-Clusters Biotechnologie weist der Standort Martinsried eine überdurchschnittlich hohe Dichte an Unternehmen, Dienstleistern sowie Forschungseinrichtungen aus dem Life Science-Sektor auf (vgl. z.B. IHK 2006, S.5f.; Bio^{M} GmbH

2007a, S.3f.). Hierbei würdigt der Clustersprecher und Geschäftsführer der Bio^M Biotech Cluster Development GmbH, Herr Prof. Dr. Domdey (E1 2007, Z194-Z196, Interview)[1], den Biotechnologiestandort Martinsried mit den Worten:

> „Ich sage, der Großraum München ist der Cluster und Martinsried ist das Herzstück, das Kernstück dieses Clusters, wo ich die größte Konzentration an Unternehmen und auch an Wissenschaft habe.“

Die Zielsetzung der vorliegenden Arbeit ist die organisationstheoretische Analyse des interorganisationalen Wissenstransfers am Beispiel des Wissensclusters „Biotechnologie am Standort Martinsried“, um Implikationen und Handlungsempfehlungen für einen effizienten Wissenstransferprozess abzuleiten. Dabei orientiert sich die Untersuchung an den folgenden Forschungsfragen:

- Welche Koordinationsmechanismen liegen dem Wissenstransfer in einem lokalisierten Wertschöpfungssystem zu Grunde?
- Welche erfolgskritischen Faktoren existieren für den Wissenstransfer und wie können die Clusterakteure aktiv darauf Einfluss nehmen?
- Woraus resultieren mögliche Problemfelder beim Wissenstransfer vor dem Hintergrund der Koopkurrenz zwischen den einzelnen Wirtschaftssubjekten?
- Welche zukunftsfähigen Potentialfaktoren lassen sich für einen effizienten Wissenstransfer identifizieren?

Der Aufbau der Arbeit gliedert sich thematisch in sieben Abschnitte. Zunächst werden die konzeptionellen Grundlagen zur Wissensökonomie und Clustertheorie vorgestellt sowie eine Abgrenzung des Untersuchungsgegenstands vorgenommen. Danach folgt die Beschreibung des qualitativen und quantitativen Forschungsdesigns. Der dritte Abschnitt behandelt die Koordinationsmechanismen des Wissenstransfers anhand von institutionenökonomischen Überlegungen und empirischen Ergebnissen. Im Anschluss daran setzt sich das vierte Kapitel mit dem Phänomen der Wissensakkumulation am Beispiel der interaktiven Wertschöpfung im Marktsegment biotechnologischer Zulieferbetriebe auseinander und thematisiert das Potential der virtuellen Unternehmung bei der Überwindung ökonomischer Knappheitsrelationen. Der sechste Abschnitt systematisiert theoretische Erkenntnisse und praxisnahe Gestaltungsempfehlungen. Ein Fazit und Ausblick schließen die Arbeit ab.

[1] Die Zitierweise folgt dem Aufbau: Experteninterviewnummer, Jahreszahl der Untersuchung, Zeilen im Transkript und explizite Kennzeichnung als Interview.

2 Konzeptionelle Grundlagen

Wissen bildet in der öffentlichen Debatte um den Stellenwert der Wissensgesellschaft (vgl. Gorz 2004; Carlaw et al. 2006; Moldaschl/Stehr 2007) sowie als Produktionsfaktor in arbeitsteiligen Wirtschaftssystemen eine Schlüsselgröße (vgl. Willke 2004, S.21; Krätke 2005, S.159f.). Diesen Sachverhalt verdeutlicht ein Vertreter (E10 2007, Z544-Z546, Interview) der Max-Planck-Institute für Biochemie und Neurobiologie:

> „Die Diskussion in der Gesellschaft hat sich geändert. Was ist das Wichtige in Zukunft, was für den Wirtschaftsstandort Deutschland, was ist die Basis, dass wir langfristig überleben? Jetzt hört man immer öfters, es ist Wissen."

Mit der Breite wissensökonomischer Themengebiete verschwimmt jedoch gleichzeitig die konzeptionelle Trennschärfe des Wissensbegriffs, was zu einer unsystematischen Gestaltung des Wissensmanagements und -transfers in der unternehmerischen Praxis führt (vgl. Schreyögg/Geiger 2003, S.7ff.; Schmickl 2006, S.2f.). Diese Divergenz zwischen den theoretischen Grundlagen und der praktischen Umsetzung lässt sich ebenfalls für den Clusteransatz konstatieren (vgl. Martin/Sunley 2003, S.5f.; Alecke/Untiedt 2005, S.4f.; Maskell/Kebir 2005, S.1f.). Im Nachfolgenden werden die Termini aus beiden Forschungskreisen im Kontext des vorliegenden Untersuchungsgegenstands näher bestimmt.

2.1 Systematisierung des Wissensbegriffs

Die wissenschaftliche Literatur systematisiert zahlreiche Klassifikationen von Wissenskategorien und verschiedene definitorische Einordnungen (siehe Tab.1). Krogh (1998) unterscheidet grundlegend zwischen der kognitivistischen Perspektive, die Wissen als ein objektives Abbild der Realität begreift, und der konstruktivistischen Perspektive, bei der das Wissen auf der subjektiven Wahrnehmung des Individuums von seiner Umwelt beruht. Darüber hinaus herrscht in der Managementforschung ein utilitaristisches Verständnis von Wissen vor, das Senge et al. (1999) als eine wesentliche Voraussetzung für effektives Handeln charakterisieren (vgl. Thiel 2002, S.13f.). Im Rahmen dieser Arbeit wird ebenfalls auf die utilitaristisch-pragmatische Wissensdefinition (vgl. Krogh/Köhne 1998; Amin/Cohendet 2004) von Hippner (2005, S.127) zurückgegriffen:

> „Wissen entsteht durch die Vernetzung von Informationen anhand bestehender Erfahrungen, wobei diese Erfahrungen im Gedächtnis von Mitarbeitern oder in Datenbanken, Regeln etc. hinterlegt sind.“

Diese Variante der Wissensdefinition rekurriert im Wesentlichen auf dem informationstheoretischen Ansatz (vgl. Schreyögg/Geiger 2003, S.8f.) und erweitertet diesen um die hierarchische Begriffskette Daten, Information und Wissen (vgl. dazu Rehäuser/Krcmar 1996, S.6; Duff 2000, S.27f.; Brandt/Volkert 2003, S.4). Demnach werden Daten durch Zeichen repräsentiert, die unter Verwendung von Syntaxregeln in einen sinnvollen Zusammenhang zu bringen sind (vgl. Felbert 1998, S.122f.), während Informationen vor dem Hintergrund des Erfahrungskontextes des jeweiligen Nutzers nach einer Semantik interpretierte Daten darstellen (vgl. Eulgem 1998, S15ff.). Wissen als höchste Stufe in dieser Hierarchie entsteht durch die zweckorientierte Kombination verschiedener Informationen (vgl. Stauss 2002, S.275f.) und beruht somit auf einer Pragmatik (vgl. Hippner 2001, S.174; Hippner 2005, S.127f.).

Die analytische Vereinfachung ermöglicht hierbei die Zergliederung hochkomplexer Wissensarchitekturen in einzelne sachlogisch trennbare Wissenssegmente (vgl. Becker 2001, S.98f.; Ibert 2006, S.100f.), die dann aus wissensökonomischer Perspektive beleuchtet werden können (vgl. Dietl 1995; Brandt/Volkert 2003; Strulik 2004; Güttel 2007). Mit der Bezeichnung Wissensökonomie oder „Knowledge-Based Economy“ kommt der Ressource Wissen als Produktionsfaktor und Katalysator sozioökonomischer Entwicklungen eine besondere Rolle zu (vgl. Kujath 2005, S.25f.). Gleichzeitig überwindet die Wissenschaft die mangelnde Beachtung von Wissen in der Klassik und Neoklassik, die lediglich den technischen Fortschritt als volkswirtschaftliche Residualgröße behandeln (vgl. Brandt/Volkert 2003, S.14; Felderer/Homburg 2005, S.85f.).

AutorInnen	**Wissenskategorien**	**Inhalte**
Pautzke (1989); Oberschulte (1994); Willke (1996); Güldenberg (2004); Probst/Raub/ Romhardt (2006)	Individuelles Wissen	▪ Exklusives Personenwissen ▪ Kenntnisse einzelner Organisationsmitglieder
	Kollektives Wissen	▪ Gruppenwissen ▪ Von mehreren Organisationsmitgliedern geteiltes Wissen
	Organisatorisches Wissen	▪ Wissen der Organisation ▪ Von allen Organisationsmitgliedern geteiltes Wissen

Polanyi (1985); Greschner (1996); Nonaka/Takeuchi (1995, 1997)	Implizites Wissen	▪ Tacit Knowledge ▪ Verborgenes Wissen, das an den Wissensträger gebunden ist
	Explizites Wissen	▪ Kodifiziertes Wissen ▪ Weniger kontextgebundenes und dokumentierfähiges Wissen
Lundvall/Johnson (1994); Krogh/Venzin (1995); Bach/Homp (1997)	Prozesswissen	▪ Know-how ▪ Wissen über Abläufe, Zusammenhänge und Instrumentarien (wie?, womit?)
	Ereigniswissen	▪ Know-what ▪ Deklaratives Wissen zu Gesetzmäßigkeiten und Sachverhalten (was?)
	Kausales Wissen	▪ Know-why ▪ Wissen über Beweggründe und Weltbilder (warum?)
	Personales Wissen	▪ Know-where ▪ Wissen über Orte und (virtuelle) Räume (wo?)
	Transaktives Wissen	▪ Know-who ▪ Wissen um das Wissen der anderen (wer?)
Sackmann (1992); Probst/Büchel (1994); Ulrich (1998)	Begriffswissen	▪ Dictionary Knowledge ▪ Allgemein geteilte Beschreibungen und systemweit benutzte Begriffsdefinitionen
	Handlungswissen	▪ Directory Knowledge ▪ Allgemein geteilte Praktiken und Kenntnisse über Ereignisketten
	Rezeptwissen	▪ Recipe Knowledge ▪ Beschreibung von Vorschriften, in Anlehnung an geteilte Normen
	Grundsatzwissen	▪ Axiomatic Knowledge ▪ Prämissen des organisationalen Handelns

Amelingmeyer (2000)	Kenntnisgebundenes Wissen	▪ Subjektives oder objektives Wissen ▪ Gedankliches Erfassen von Aspekten der Realität
	Handlungsgebundenes Wissen	▪ Fähigkeiten und Fertigkeiten ▪ Wissen, das bei der Durchführung einer Handlung entsteht
Becker (2001); Hippner (2005); Picot/Dietl/Franck (2005); (thematisch erweitert)	Vernetzte Informationen	▪ Daten (Syntax) ▪ Information (Semantik) ▪ Wissen (Pragmatik) ▪ Nutzen (Ökonomik)

Tab. 1: Synopse zum Wissensbegriff (Quelle: Eigene Systematisierung).

Kritik übt Strulik (2004) am tautologischen Charakter des Begriffs Wissensökonomie, da jede ökonomische Aktivität zwingend Wissen voraussetzt (vgl. Strulik 2004, S.34). Auch das Fehlen eines strengen Prüfkriteriums, um das Wissen vom „Nicht-Wissen" zu separieren, wird allgemein als problematisch angesehen (vgl. Schreyögg/Geiger 2003, S.13ff.). Einen möglichen Lösungsansatz liefert Küpper (2006) mit dem Normenbegründungsverfahren der analytischen Unternehmensethik. Demnach bedarf es für die Begründung von Normen und Werten der logischen oder empirischen Beweisführung anhand intersubjektiv überprüfbarer Gründe, deren Akzeptanz im jeweiligen sozialen Kontext evident ist (vgl. Küpper 2006, S.145f.). Die vorliegende Arbeit versteht Wissen daher als Ergebnis eines zweckorientierten kombinativen Informationsverarbeitungsprozesses, das dem weithin anerkannten wirtschaftswissenschaftlichen Kriterium des ökonomischen Nutzenprinzips unterliegt (vgl. Theisen 2000, S.439ff.; Varian 2001, S.50; Homann/Lütge 2005, S.44f.; Küpper 2006, S.91f.).

Das strategische Wissensmanagement verfolgt dabei sowohl auf einzelwirtschaftlicher (vgl. Neumann 2000; Haun 2002; Al-Laham 2003) als auch auf gesamt- bzw. regionalwirtschaftlicher Ebene (vgl. Koschatzky 2001; Grotz/Schätzl 2001; Lo/Schamp 2003) das Ziel, durch eine aktive Gestaltung der Wissensbasis Lernprozesse anzuregen und damit zur nachhaltigen Entwicklung innovativer Wirtschaftsstrukturen beizutragen (vgl. Argyris/Schön 1996, S.20f.; Malmberg/Maskell 2001, S.15f.; Helmstädter 2003, S.14f.; Tödtling/Lehner/Trippl 2006, S.1054f.). Aus der Vielzahl an Abgrenzungen des Begriffs Wissensmanagement (vgl. für einen Überblick Al-Laham 2003, S.45f.) greift die Arbeit die systematische Erklärung von Willke (2004, S.22) heraus, die eine bewusste Einflussnahme auf die Ressource Wissen durch Managementpraktiken annimmt:

> „Wissensmanagement wird im Kontext von Wissensgesellschaft und Wissensökonomie zum Bestandteil des allgemeinen Managements, weil die Ressource Wissen zur dominanten Produktivkraft wird und ein ebenso sorgfältiges und systematisches Management verlangt wie andere Ressourcen der Organisation (oder der Region - Anm. d. Verf.) auch."

Die Organisation disparat verteilten Wissens ist unmittelbar mit dem Koordinationsproblem des „Nicht-Wissens" und dem Motivationsproblem des „Nicht-Wollens" der jeweiligen Wissensträger verbunden (vgl. Picot/Reichwald/Wigand 2003; Picot/Dietl/Franck 2005, S.8f.). Steigenden Skalenerträgen durch Spezialisierung und Arbeitsteilung stehen erhöhte Transaktionskosten der Abstimmung und des Wissenstransfers[2] gegenüber (vgl. Helmstädter 2003, S.12f.; Willke 2004, S.42f.). Als zentrale Stellgrößen des Wissensmanagements identifizieren Probst et al. (2006) sechs interdependente Wissensbausteine (siehe Abb.1), wovon dem Wissenstransfer nach Ansicht von Holtshouse (1998), Thiel (2002) oder Haun (2002) eine herausragende Rolle im unternehmerischen Wertschöpfungsprozess zukommt.

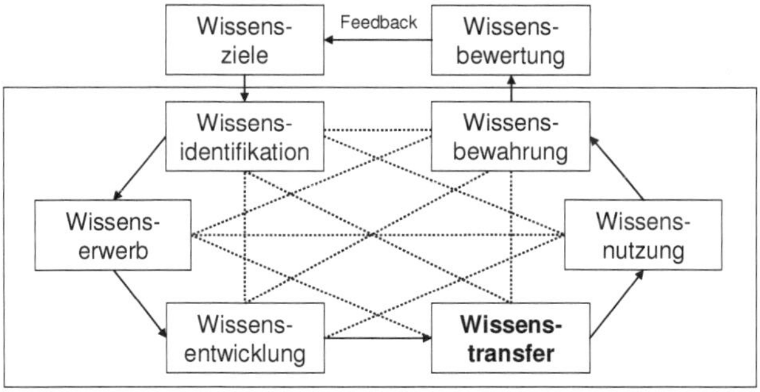

Abb. 1: Bausteine des Wissensmanagements (Quelle: Probst/Raub/Romhardt 2006, S.32).

[2] Einer genauen Bestimmung der Kosten des Wissenstransfers nähert sich die Literatur aktuell über Wissensbilanzen an (vgl. Bodrow/Bergmann 2003; Mertins/Alwert/Heisig 2005; BMWI 2006). Für die Analyse effizienter Wissensstrukturen beschränkt sich die Arbeit auf allgemeine transaktionskostentheoretische Aussagen (vgl. Göbel 2002; Erlei/Leschke/Sauerland 2007).

Die Differenzierung des Wissens erfolgt nach transferrelevanten Kriterien in explizites versus implizites Wissen sowie artikulierbares gegenüber nicht artikulierbares Wissen (vgl. Polanyi 1985; Howells 2002, S.873ff.; Picot/Dietl/Franck 2005, S.319f.). Dieses steht dann auf individueller, kollektiver und organisatorischer Ebene den jeweiligen Transferpartnern in Form von theoretischem oder praktischem Wissen zur Verfügung[3] (vgl. Neumann 2000, S.63f.; Thiel 2002, S.16ff.; Seidel 2003, S.26f.). Bemerkenswert erscheint für die Bildung von kollektivem Wissen und organisatorischem Lernen, dass dies die Kommunizierbarkeit des Wissens, die Konsensfähigkeit der Gruppenmitglieder sowie die Integrationsfähigkeit individueller Wissenselemente in ein kollektives Bewusstsein voraussetzt (vgl. Duncan/Weiss 1976, S.85ff.; Wiegand 1996, S.388f.; Al-Laham 2003, S.54f.). Zudem darf die Dichotomie zwischen explizitem und implizitem Wissen bei Polanyi (1985) nach Auffassung von Howells (2002), Thiel (2002), Schreyögg/Geiger (2003) oder Ibert (2007) nicht als absolut gelten, da selbst tazites Wissen, wie sensorische Kenntnisse über den Geschmack, in einem gewissen Umfang artikuliert und damit externalisiert oder durch Nachahmung angeeignet werden kann (vgl. Scheuble 1998, S.23f.; Schimmel 2002, S.153f.). Für die definitorische Einordnung des Wissenstransfers im Kontext des Wissensmanagements verwendet die vorliegende Arbeit die Abgrenzung nach Thiel (2002, S.32):

> „Unter Wissenstransfer ist die zielgerichtete Wiederverwendung des Wissens eines Transferpartners durch (einen) andere(n) Transferpartner zu verstehen, wobei es sich bei den Transferpartnern um Individuen oder Kollektive (sowie technologische Systeme - Anm. d. Verf.) handeln kann."

Einer ausführlichen Darstellung der Funktionsweisen des Wissenstransfers widmet sich Kapitel 4.1 im Rahmen der Erörterung des allgemeinen Modells des Wissenstransfers in Clustern. Zuvor werden weitere konzeptionelle Grundlagen zur Clusterthematik kurz vorgestellt.

2.2 Wissen in räumlicher Perspektive

Für die Analyse von wissensökonomischen Sachverhalten in räumlicher Perspektive liefert die Wirtschaftsgeographie ein breites Instrumentarium möglicher Theoriebezü-

---

[3] Von einer vertieften Auseinandersetzung mit qualitativen Aspekten oder der Halbwertzeit des Wissens als wesentliche Elemente der Phasen Wissensidentifikation und Wissensbewahrung wird an dieser Stelle abgesehen (vgl. dazu Neumann 2000; Seidel 2003; North 2005; Trojan 2006; Probst/Raub/Romhardt 2006; Bayerische Staatsregierung 2007).

ge. Bereits früh thematisieren Standorttheoretiker Agglomerationsfaktoren wie Economies of Scale, Lokalisations- und Urbanisationsvorteile, um die Existenz von Industrieansiedlungen zu erklären (vgl. Krieger-Boden 1995, S.8ff.; Koschatzky 2001, S.102f.; Schätzl 2003, S.48ff.). Insbesondere externe Ersparnisse durch das Pooling spezialisierter Arbeitskräfte und die erleichterten Informations- und Wissensflüsse führen zur regionalen Konzentration von Unternehmen einer Branche (vgl. Marshall 1920; Koschatzky 2001, S.104f.; Bathelt/Glückler 2003, S.128f.).

Auch die Wachstums- und Entwicklungstheorien bieten über die Analyse zentripetaler Entzugseffekte (backwash effects) eine Möglichkeit, die Akkumulation von personellem und technologischem Know-how in einer Region zu untersuchen (vgl. hierzu Hirschman 1958; Junius 1996, S.20f.; Lammers/Stiller 2000, S.12ff.; Eckey/Kosfeld 2004, S.2f.). Während kodifiziertes Wissen mittels moderner IuK-Systeme relativ kostengünstig zwischen den Transferpartnern ausgetauscht werden kann und durch die Nicht-Rivalität im Konsum eine wechselseitige Steigerung der jeweiligen Wissensbasis erlaubt, resultiert aus der Abwanderung von Humankapital (brain drain) als Träger impliziten Wissens ein räumliches Ungleichgewicht (vgl. u.a. Romer 1990; Davenport/Prusak 2000; Autant-Bernard 2001, S.237; Matthiesen 2004; McCann/Simonen 2005, S.465f.; Hauser et al. 2007, S.76f.). Für die modelltheoretische Begründung regionaler Disparitäten existieren zahlreiche Publikationen von Vertretern der „New Economic Geography" (vgl. Krugman 1991; Fujita/Mori 1997; Venables 1999; Fujita/Krugman/Venables 2001). Hierbei kritisieren jedoch Autoren wie Martin/Sunley (1996), Storper (1999) oder Bathelt/Glückler (2003) die mangelnde Berücksichtigung von Spillovereffekten aufgrund der wissens- und technologiespezifischen Strukturen einer Agglomeration sowie die Abstraktion vom soziokulturellen Kontext, in dem Wissenstransfer- und Lernprozesse stattfinden (vgl. Koschatzky 2001, S.103ff.; Bathelt/Glückler 2003, S.84f.; Asheim/Boschma 2007, S.2). Zudem betonen Breschi/Malerba (2007, S.2) die herausragende Stellung des impliziten Wissens für Wirtschaftsakteure in einem lokalisierten Wertschöpfungssystem:

> „A very influential line of research has developed around the notion of localized knowledge spillovers, which has been proposed as one of the key explanatory factors for the clustering of innovative firms. Contrary to Krugman and others, who believe knowledge flows are either unmeasurable or are spatially unbounded in a world increasingly linked by information highways, this literature forcefully claims that the transmission of new knowledge tends to occur more efficiently among closely located actors."

Mit dem Paradigmenwechsel von der tayloristischen Arbeitsteilung zur Flexibilisierung starrer Produktionsstrukturen im Post-Fordismus und der Entstehung wissensintensiver Wirtschaftssektoren rücken zunehmend clusterorientierte Ansätze wie kreative Milieus oder Industriedistrikte in den Fokus des wissenschaftlichen Interesses (vgl. Crevoisier 2001, S.246f.; Cainelli/Zoboli 2007; Haas/Neumair 2007, S.86ff.). Erfolgreiche Innovationen resultieren nach Ansicht von Malmberg/Maskell (2001), Lorenzen (2005) oder Simmie (2005) aus dem netzwerkorientierten Zusammenwirken von unterschiedlichen Wissensquellen, die eine intensive Interaktion und gemeinschaftliche Koordination der beteiligten Wirtschaftsakteure erfordert (vgl. Koschatzky 2001, S.59; Cernavin 2005, S.37; Ibert 2006, S.104). Die zirkuläre Entstehung regionaler Wachstumszentren begründet Porter (1991, 1999a, 1999b, 2002) anhand des interdependenten Zusammenspiels von verschiedenen Faktorbündeln (siehe Abb.2). Dabei profitieren vor allem Unternehmungen von den regionalen Kooperationsmöglichkeiten, dem informellen Informationsaustausch oder der Verfügbarkeit qualifizierter Arbeitskräfte und verstärken durch die wachsende Nachfrage auf den Beschaffungsmärkten sowie den Anstieg der Reallöhne die Clusterbildung (vgl. Junius 1996, S.20ff.; Porter 1991, S.151f.; Andersson et al. 2004, S.17f.). Die Metastudie von Linde (2003, 2005) ergab, dass die Faktorausstattung, u.a. mit Wissens- und Kapitalressourcen, den häufigsten Erfolgsfaktor für die Wettbewerbsfähigkeit von Clustern bildet (vgl. Linde 2005, S.28f.).

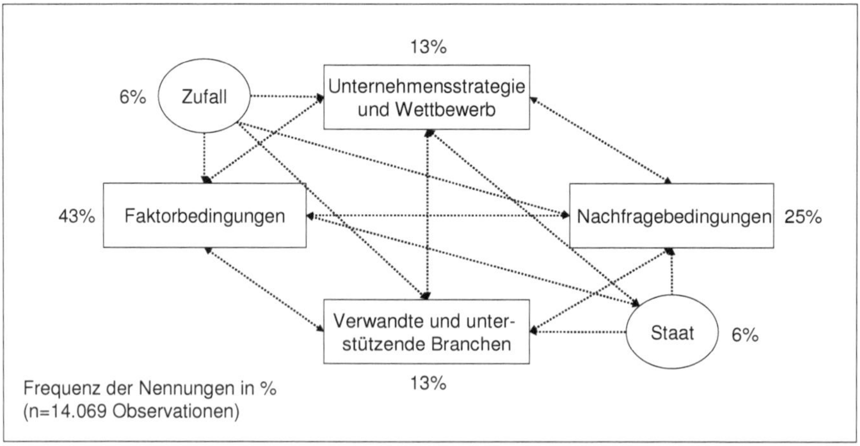

Abb. 2: Erfolgsfaktoren des Porterschen Diamanten (Quelle: Eigene Darstellung, in Anlehnung an Porter 1991, S.151; Linde 2005, S.28).

Trotz der Vielfalt an verschiedenen Clusterdefinitionen[4] (vgl. z.B. Martin/Sunley 2003, S.13f.) rekurrieren die meisten Arbeiten bei der Analyse ökonomischer Ballungsprozesse auf vergleichbare Clusterdimensionen (vgl. u.a. Malmberg/Maskell 2001, S.15; Stein/Stuchtey 2003, S.546f.; Cernavin/Führ 2005, S.9f.):

- Ein Cluster besteht, gemessen am Gesamtpotential der Region, aus einer hohen Dichte an Unternehmen derselben Branche in räumlicher Nähe, die sich in Koopkurrenz zueinander befinden (horizontale Dimension) und in einem lokalisierten Wertschöpfungssystem vor- und nachgelagerter Unternehmenseinheiten (vertikale Dimension) integriert sind (vgl. Haas/Neumair 2006, S.418ff.; Henn 2006, S.2f.; Haas/Neumair 2007, S.98).
- Durch die „embeddedness" aller sozioökonomischen Handlungen in einen bestimmten Kontext entstehen gemeinsame Normen und Werte (institutionelle Dimension), die eine vertrauensvolle „industrial atmosphere" erzeugt und damit Wissensspillovers erleichtert (vgl. u.a. Granovetter 1990, S.98f.; Uzzi 1997, S.36f.; Morrison/Rabellotti 2005, S.3f.; Loubaresse 2007, S.4f.).
- Die Offenheit des Clusters über extraregionale Partner oder translokale Kommunikationspipelines (Pfeifen) nach außen (externe Dimension) senkt die Gefahr eines „lock-in" und verlängert die dynamische Innovationskraft in fortgeschrittenen Phasen des Clusterlebenszyklus (vgl. Storper/Walker 1989, S.71f.; Bathelt et al. 2002, S.13f.; Bathelt 2004, S.99f.; Press 2006).

Gerade die inhaltliche Verwandtschaft der Clustertheorie zu theoretisch und empirisch fundierten Konzepten der Wirtschaftsgeographie und die definitorische Unbestimmtheit der geographischen Ausprägung von Clustern führen im wissenschaftlichen Diskurs zu einer kritischen Reflexion des Ansatzes (vgl. zudem Martin/Sunley 2003; Maskell/Kebir 2005; Alecke/Untiedt 2005). Auch die Ausführungen bei Porter (1991, 1999a, 1999b, 2000) zum Informations- und Wissenstransfer als zentrale Einflussfaktoren für Innovationsprozesse bleiben vage. Jüngere Arbeiten setzen sich daher verstärkt mit der Rolle von Wissensspillovers (vgl. Breschi/Lissoni 2001; Silva/Taxeira 2005; Acs et al. 2006), face-to-face-Kontakten oder des informellen Sektors für das Wissenstransferverhalten spezialisierter Clusterakteure auseinander (vgl. Mossig 2004, 2006; Gräf 2005; Bathelt/Gräf 2006). Obwohl nach dem aktuellen Stand der Forschung eine stärkere Vernetzung von wirtschaftswissenschaftlichen Teilgebieten aus der Orga-

---

[4] Die bekannteste Definition eines Clusters geht auf Porter (2000, S.254) zurück: „A Cluster is a geographically proximate group of interconnected companies and associated institutions in a particular field, linked by commonalities and complementarities. The geographic scope of a cluster can range from a single city or state to a country or even a group of countries."

nisations- und Netzwerktheorie zur ganzheitlichen Erklärung von Clustereffekten beobachtet werden kann (vgl. Curzio/Fortis 2002; Karlsson et al. 2005; Tavares/Teixeira 2006; Breschi/Malerba 2007), sind wissensökonomische Untersuchungen über die Funktionsweisen des interorganisationalen Wissenstransfers aus räumlicher Perspektive in der Literatur eher unterrepräsentiert (vgl. z.B. Howells 2002; Rank/Rank/Wald 2005; Ibert 2006; Maskell/Malmberg 2007). Darüber hinaus weisen die Autoren Mossig (2006), Koschatzky/Lo (2007) und Ibert (2007, S.111) auf den signifikanten Mangel an empirischen Arbeiten in diesem Forschungsfeld hin:

> „Although the practice view has gained enhanced attention within the regional sciences, there is still a fundamental lack of instructive empirical accounts, which explicitly address the geographical dimension of knowledge practices."

Die vorliegende Arbeit greift den skizzierten Untersuchungsbedarf auf und analysiert die Koordination des Wissenstransfers zwischen den Clusterakteuren am Biotech-Standort Martinsried. Hierfür wird im Nachfolgenden auf die Definition des Wissensclusters von Sydow/Well (2006, S.164) zurückgegriffen, um eine Fokussierung der Clusterthematik auf wissensökonomisch relevante Sachverhalte vorzunehmen:

> „Wissenscluster sind soziale Systeme innerhalb von Netzwerken (oder Organisationen), die durch - immer nur relativ - autonome Praktiken von Akteuren entstehen. Gegenstand dieser Praktiken ist der regelmäßige bzw. institutionalisierte Austausch, die Kombination, Steigerung etc. von Wissen unterschiedlichster Erscheinungsform. Wissenscluster zeichnen sich durch eigene strukturelle Merkmale aus und sind als solche Ergebnis und Medium sozialer Wissensorganisation."

In Analogie zur wissensintensiven Unternehmung nach Starbuck (1992, 1993) prägen Wissenscluster eine dominante Stellung der Ressource Wissen im lokalisierten Wertschöpfungssystem, die Möglichkeit zur Interaktion zwischen den Netzwerkmitgliedern sowie eine gemeinschaftlich höhere Wissensbasis als bei räumlich und thematisch isolierter Existenz der Akteure (vgl. Kiese 2006; Sydow/Well 2006). Diese Sichtweise auf Cluster verbindet das vorgestellte pragmatisch-ökonomische Wissensverständnis aus der Organisationstheorie (vgl. Dietl 1993, 1995; Hippner 2005; Picot/Dietl/Franck 2005) mit dem wirtschaftsgeographischen Raumbezug[5] (vgl. dazu Bathelt/Malmberg/Maskell 2002; Bathelt 2004; Ibert 2006, S.101f.) bei der Analyse von Agglomerationsräumen als lokal verortbare Wissensknoten (vgl. u.a. Kujath 2005; Krätke 2005; Haas/Neumair 2006, S.401f.). Die Clusterakteure (Aktoren) wie rechtlich selbständige Un-

[5] Für eine kontroverse Auseinandersetzung zur Bedeutung der räumlichen Dimension siehe Cairncross (1997), Capling/Nossal (2001), Wilson (2001) oder Morgan (2001, 2004).

ternehmen, Forschungseinrichtungen oder Behörden stehen als Träger von implizitem und explizitem Wissen für die Erreichung der jeweiligen Zielsetzung in direkten oder indirekten Beziehungen und Interaktionen (Kanten), die sich in einem Kontinuum von der einfachen Zugehörigkeit zum Netzwerk über den regelmäßigen Informationsaustausch bis hin zu strategischen Kooperationen bewegen (vgl. u.a. Hess 2002, S.9f.; Zentes/Swoboda/Morschett 2003, S.7f.; Kutschker/Schmid 2005, S.526; Glückler 2007). Insbesondere die Organisation von Wertschöpfungsaktivitäten verlangt den Wissenstransfer sowie gemeinsam geteiltes Schnittstellenwissen, um das Koordinationsproblem des „Nicht-Wissens" und das Motivationsproblem des „Nicht-Wollens" zu bewältigen (vgl. Helmstädter 2003, S.14f.; Picot/Reichwald/Wigand 2003, S.27ff.; Picot/Dietl/Franck 2005, S.8f.). Für den Wissenscluster kann ferner die Annahme getroffen werden, dass vergleichbar mit der Interoperabilität von IuK-Systemen (vgl. z.B. Wagner 2004; Jahn 2005; Salazar/Sawyer 2007) spezialisierte Wirtschaftssubjekte innerhalb des Netzwerkes über eine ähnliche Wissensbasis sowie einer gemeinsamen Sprachsphäre verfügen, damit der Informationsaustausch zu Lernprozessen, Pragmatiken sowie Routinen führt und nicht durch eine ungenügene Fach- und Interpretationskompetenz ungenutzt bleibt (vgl. Kirsch 2001, S.287f.; Willke 2004, S.27ff.; Gorz 2004; Ibert 2007).

Aufgrund der überdurchschnittlich hohen Dichte an wissensintensiven Organisationen einer bestimmten Branche, der aktiven institutionalisierten Standortvernetzung und der räumlichen Verortbarkeit der Wirtschaftsakteure ist die Verwendung des Begriffs Wissenscluster für die Analyse des Wissenstransfers am Biotech-Standort Martinsried und zur Differenzierung vom politisch motivierten Clusterverständnis geeignet. Dies wird im nächsten Kapitel anhand einer formalen, räumlichen und thematischen Abgrenzung des Untersuchungsobjekts illustriert.

2.3 Abgrenzung des Untersuchungsgegenstands

Im Rahmen der Initiative „Allianz Bayern Innovativ" forciert die Bayerische Staatsregierung seit 2006 die bundeslandweite Vernetzung zwischen Unternehmen einer Branche, Universitäten oder Forschungsinstituten, um so die Wettbewerbsfähigkeit, Innovationsdynamik und Standortattraktivität nachhaltig zu fördern (vgl. Bayerische Staatskanzlei 2006, S.4ff.; Bayerisches Staatsministerium für Wirtschaft 2006, S.9f.). Hierbei dienen als Instrumente 19 Cluster der drei Grundtypen Hochtechnologie, Produktionsorientierung und Querschnittstechnologie, deren Clustergeschäftsstellen insgesamt ein Budget in Höhe von 39 Mio. EUR für die gesamte Laufzeit von 5 Jahren zur Verfügung steht (vgl. E16 2007, Z224-Z226, Interview). Durch die zielgerichtete Finanzierung von Netzwerkaktivitäten versucht die regionale Wirtschaftspolitik als Impulsgeber eines selbstorganisierenden und offenen Strukturprozesses zu fungieren, der in erster Linie die Mobilisierung wirtschaftlicher Eigenkräfte unterstützen soll (vgl. Bayerisches Staatsministerium für Wirtschaft 2006, S.8f.; E13 2007, Z133-Z145, Interview).

Entgegen der formal-politischen Zielsetzung der Clusterbildung beeinflusst die sog. Cluster-Offensive lediglich einen Entwicklungspfad (vgl. Storper 1997; Zeller 2001a, S.76f.; Menzel 2003, S.40ff.), der für den Biotechnologiestandort Martinsried bereits 1973 mit der Zusammenlegung von drei Forschungsinstituten der Max-Planck-Gesellschaft zu einem biowissenschaftlichen Zentrum, dem Max-Planck-Institut für Biochemie, und mit der Eröffnung des Universitätsklinikums Großhadern 1974 als zwei Kristallisationskerne bzw. Gravitationszentren in direkter räumlicher Nähe begann (vgl. Rank et al. 2006; MPI für Biochemie 2007; Klinikum Großhadern 2007; E10 2007, Z12-Z17, Interview). Die Bündelung von Forschungseinrichtungen und klinischer Expertise an einem Standort sowie das Angebot von Erweiterungsflächen, günstigen Kostenstrukturen und die Anbindung an die Münchner Innenstadt erzeugen zentripetale Kräfte (vgl. Hirschman 1958; Lammers/Stiller 2000; Roos 2002; Eckey/Kosfeld 2004), die 1984 zur Ansiedlung des Genzentrums, des Max-Planck-Instituts für Neurobiologie oder in den Folgejahren der Fakultäten für Chemie, Pharmazie und Biologie der Ludwig-Maximilians-Universität München führten (vgl. Lechner/Dowling 1999, S.320f.; Chiesa/Chiaroni 2005, S.149f.; E10 2007, Z17-Z34, Interview).

Erst die akademische Vernetzung zu einem Forschungscampus und wissenschaftliche Integration von Innovationssystemen (vgl. dazu Feldman 1994; Saxenian 2000; Audretsch/Cooke 2001; Casper 2007) schufen die Rahmenbedingungen für eine dynamische Entwicklung des Unternehmensbereichs in den 1990er Jahren (vgl. Zeller 2001b; Reiß et al. 2007, S.26; Domdey 2007). Mit den Ausgründungen MorphoSys AG 1992 und GPC Biotech AG 1997 von den Max-Planck-Instituten oder MediGene AG 1994 durch das Genzentrum verfügt Martinsried heute über drei fokale Unternehmen, die sich mit Umsätzen zwischen 22,7 und 53,0 Mio. EUR und mehr als 150 Mitarbeitern in 2006 zu international operierenden, mittelständischen Biotechnologieunternehmen[6] entwickelten (vgl. Knyphausen-Aufseß/Schweizer 2003, S.1120ff.; Dom-

[6] Nach Abgrenzung des Instituts für Mittelstandsforschung Bonn (2007) kennzeichnen mittlere Unternehmen einen Jahresumsatz von 1-50 Mio. EUR und eine Mitarbeiteranzahl von 10-499 Beschäftigten (vgl. Günterberg/Kayser 2004, S.3f.; Haas/Neumair 2006, S.671).

dey 2007; MorphoSys 2007; GPC 2007; MediGene 2007; E15 2007, Z7-Z10, Interview).

Für den gesamten Life Science-Sektor im Großraum München[7], der Biotechnologie-, Pharma-, Auftragsforschungs- und Handelsunternehmen sowie relevante Dienstleister, Zulieferer und Berater umfasst, rechnet die Industrie- und Handelskammer (2006) mit rund 300 Unternehmen, die einen Gesamtumsatz von 9 Mrd. EUR erzielen und über 25.500 Mitarbeiter beschäftigen (vgl. IHK 2006, S.5f.; Komar 2006, S.24f.; BMBF 2006, S.46f.). Damit gehört München zu den Hochburgen im Gesundheitswesen und der biotechnologischen Forschung in Deutschland (vgl. IHK 2006, S.5; BMBF 2007a). Um eine aktive Vernetzung der verschiedenen Wirtschaftsakteure in der BioTech-Region München und des bayerischen Biotechnologieclusters zu verstärken, wurde 1997 die Bio^{M} AG nach einer erfolgreichen Teilnahme Münchens an dem mit 25 Mio. EUR dotierten BioRegio-Wettbewerb des BMBF gegründet (vgl. dazu Engel/Heneric 2005; Domdey 2007; BMBF 2007b). Die hieraus in 2006 hervorgegangene Bio^{M} Biotech Cluster Development GmbH zählt als Netzwerkkoordinator aktuell 177 Life Science-Unternehmen[8], wovon mit 31% bzw. 55 Unternehmen eine überdurchschnittlich hohe Dichte an Firmen einer Branche am Biotech-Standort Martinsried angesiedelt sind (vgl. Häussler/Zademach 2007, S.266ff.; Bio^{M} GmbH 2007b). Mit Hilfe der wirtschaftsgeographischen Methodik der Kartierung (vgl. Atteslander 2003; Meier-Kruker/Rauh 2005, S.47f.) lassen sich die Organisationen räumlich erfassen (siehe A.1). Die größte Anzahl überwiegend kleiner Start-up-Unternehmen befindet sich im 1995 gegründeten Innovations- und Gründerzentrum Biotechnologie (IZB), das als ein Inkubator Mieteinheiten aus Labor- und Büroräumen zur Verfügung stellt. Expandierende Unternehmen, wie die MorphoSys AG oder MediGene AG, die ihre Anfangszeit im IZB verbrachten, sind heute im Ortskern von Martinsried beheimatet (vgl. IZB 2007).

Bei Klassifizierung der einzelnen Organisationen nach Themengebieten (siehe Abb.3) rangieren kleine und mittlere Unternehmen (KMU), die sich auf die Entwicklung medizinischer Therapeutika & Diagnostika (Rote Biotechnologie)[9] spezialisieren, vor den

[7] Dieser beinhaltet die Stadt München, die Landkreise München, Freising, Ebersberg, Erding, Starnberg, Landsberg am Lech, Fürstenfeldbruck und Dachau sowie die Standorte Penzberg und Bernried (vgl. IHK 2006, S.1).

[8] Aufgrund unterschiedlicher Zählungen von Life Science-Unternehmen zwischen dem Statistischen Bundesamt (2005), Ernst&Young (2007) und der Bio^{M} GmbH (2007b) wird nachfolgend für eine konsistente Datenbasis lediglich die Firmendatenbank (inkl. Forschungseinrichtungen) der Bio^{M} GmbH (2007b) verwendet.

[9] Weitere klassische Forschungsfelder bilden die Grüne Biotechnologie für Landwirtschaft und Ernährung sowie die Weiße Biotechnologie bei der Entwicklung biotechnologischer Verfahren für die industrielle Nutzung (vgl. Reiß/Koschatzky 1997; Garbe et al. 2002; Grossmann 2003; Gassmann/Reepmeyer/Zedtwitz 2004; Bergeron/Chan 2004; Broglie 2005; Patzelt 2005).

Bereichen biotechnologische Geräte und Reagenzien, DNA/Protein-Analytik sowie der Biotechnologieberatung und den Forschungseinrichtungen (vgl. u.a. Rank 2002, S.259f.; Filho/Greif/Delakowitz 2006, S.51f.; Wehnelt 2007; Bio^{M} GmbH 2007b).

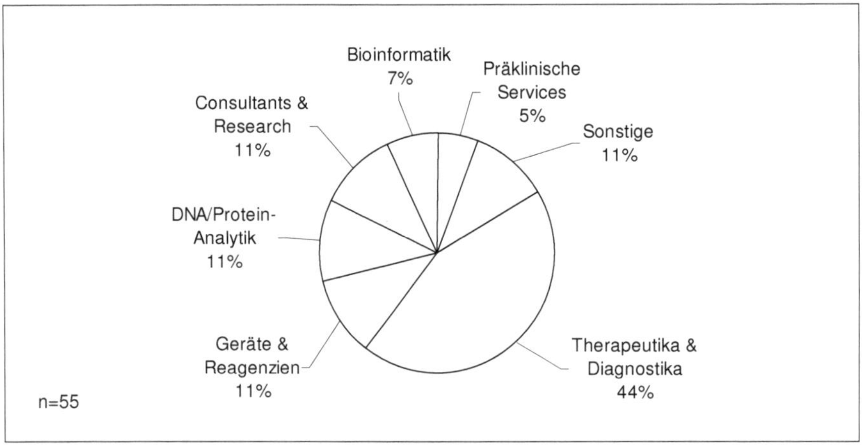

Abb. 3: Life Science-Unternehmen am Standort Martinsried (Quelle: Eigene Darstellung, unter Verwendung von Daten der Bio^{M} GmbH 2007b).

Um die inhaltliche Heterogenität der Branche für die Untersuchung des interorganisationalen Wissenstransfers angemessen zu berücksichtigen, verwendet die vorliegende Arbeit die weit ausgelegte Definition von „Biotechnologie“ der European Federation of Biotechnology (2007):

> „Biotechnology is the integration of natural sciences and engineering sciences in order to achieve the application of organisms, cells, parts thereof and molecular analogues for products and services."

Somit lassen sich im Forschungsdesign sowohl Vertreter privatwirtschaftlicher Biotechnologieunternehmen, die sich vorrangig mit modernen biotechnologischen Verfahren und Produkten auseinandersetzen, als auch biowissenschaftliche Forschungsinstitute und fachspezifische Dienstleister einbeziehen. Dies vermittelt im Sinne einer strukturalistischen Perspektive ein umfassendes Bild des lokalen Wertschöpfungssystems im Wissenscluster.

3 Forschungsdesign

Die explorative Untersuchung des Wissenstransfers am Biotech-Standort Martinsried stützt sich neben einer fundierten Recherche von Sekundärdaten im Wesentlichen auf die Ergebnisse der Experteninterviews (siehe A.2), die mit Hilfe eines eigenständig entwickelten Analysetools generiert wurden und als Basis für die daraus abgeleiteten Themenschwerpunkte der vorliegenden Arbeit dienen. Zudem unterstützt die quantitative Überprüfung einzelner Aspekte zu den Funktionsweisen des Wissenstransfers in Clustern die Herleitung von Tendenzaussagen.

3.1 Methodisches Vorgehen bei der qualitativen Untersuchung

In der qualitativen Sozialforschung stellt das Leitfadeninterview eine gängige Methodik der Datenerhebung und -analyse dar, das aufgrund seiner flexiblen Handhabung und offenen Gestaltung des Gesprächsverlaufs insbesondere in der Konzeptionsphase des Forschungsprozesses Anwendung findet (vgl. u.a. Bortz/Döring 2006, S.314f.; Foscht/Angerer/Swoboda 2007, S.249f.; Flick/Kardorff/Steinke 2007, S.17f.). Aus der Vielfalt an unterschiedlichen qualitativen Interviewtypen[10] greift die Arbeit das Experteninterview als eine halbstandardisierte Befragungsform heraus (vgl. Berekoven/Eckert/Ellenrieder 2004, S.98f.; Bogner/Menz 2005a, S.7f.; Gläser/Laudel 2006, S.9f.), da gerade hochqualifizierte Vertreter einer wissensintensiven Branche wie der Biotechnologie Informationen zum sozioökonomischen Phänomen des Wissenstransfers liefern können (vgl. Zucker/Darby/Armstrong 1994; Zucker/Darby/Brewer 1998; Maurer 2003; Rosiello 2007). Als Experte bezeichnet die sozialwissenschaftliche Literatur eine Person mit spezifischem Prozess- und Deutungswissen, die in einem bestimmten organisationalen Funktionskontext eingebunden ist oder über einen privilegierten Informationszugang verfügt (vgl. dazu Meuser/Nagel 2003, 2005a; Bogner/Menz 2005b, S.46; Pfadenhauer 2007, S.451f.). In diesem Zusammenhang definieren Gläser/Laudel (2006, S.10):

[10] Einen Überblick liefern Kepper (1994, 1999), Bortz/Döring (2006), Naderer/Balzer (2007) oder Buber/Holzmüller (2007).

„Experten sind Menschen, die ein besonderes Wissen über soziale Sachverhalte besitzen, und Experteninterviews sind eine Methode, dieses Wissen zu erschließen.“

Für die empirische Analyse der vorgestellten Forschungsfragen im speziellen Kontext des Wissensclusters dient ein modularisierter Analyserahmen (siehe Abb.4), der auf einer regulationstheoretischen Grundstruktur, bestehend aus dem Wachstumssystem (Akkumulationsregime) der Wissensgenerierung und dem Koordinationsmechanismus (Regulationsweise) des Wissenstransfers, basiert (vgl. Dunford 1990, S.306f.; Bathelt 1994, S.66f.; Haas/Neumair 2006, S.36). Der gewählte strukturalistische Zugang erlaubt eine umfassende Eruierung der erfolgs-, problem- und potentialorientierten Dimension des Wissenstransfers in Clustern aus den Forschungsfragen sowie die empirische Begründung der zu behandelnden Themenfelder. Hierfür unterscheidet die Heuristik vier interdependente Module, die eine theoriegeleitete Struktur für den Leitfaden vorgeben (siehe A.3) und gleichzeitig genügend Spielraum für die Modifikation der Fragen im Gesprächsverlauf sowie die freie Beantwortung durch den Experten zulassen.

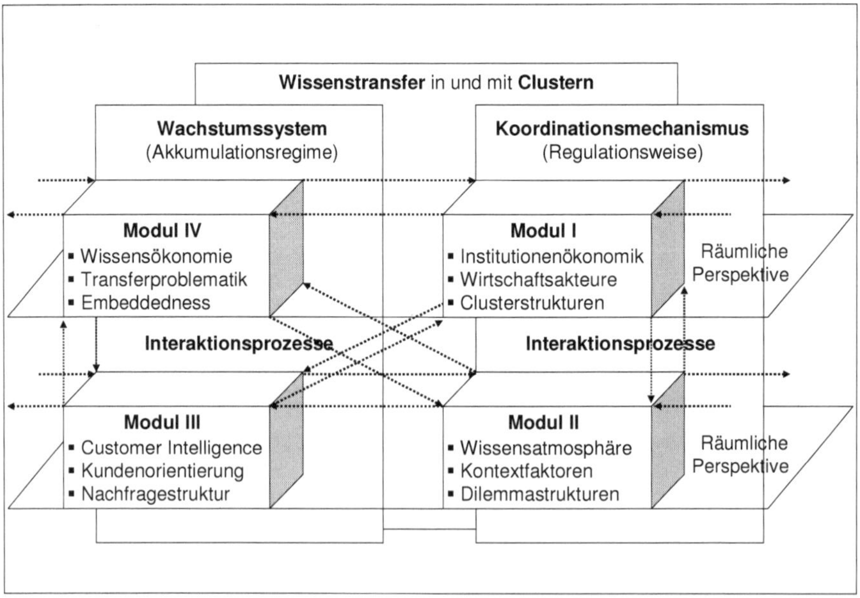

Abb. 4: Modularisierter Analyserahmen (Quelle: Eigene Darstellung).

Modul I fokussiert sich auf Befragungsinhalte zum institutionalisierten Wissenstransfer durch den Netzwerkkoordinator Bio^{M} GmbH. Als ein Wissensintermediär zwischen den heterogenen Wirtschaftsakteuren am Biotech-Standort Martinsried verfügt die Institution über ein breites Instrumentarium wie z.B. Events, Stammtische oder Fortbildungskurse für den Informationsaustausch und beeinflusst mit der Förderung reziproker Kommunikationsprozesse die Clusterstrukturen (z.B. Entstehung neuer Projektpartnerschaften). Modul II führt in Anlehnung an die „industrial atmosphere" (vgl. Marshall 1920; Bathelt/Malmberg/Maskell 2002; Corolleur/Courlet 2003) den Begriff „Wissensatmosphäre" in die Untersuchung ein, um einen Ausschnitt an soziokulturellen, politisch-rechtlichen und kapitalbedingten Einflussfaktoren auf den Wissenstransfer zu thematisieren. Auch Dilemmastrukturen als Folge divergierender Interessenlagen der Wissensträger finden dabei Beachtung.

Modul III beinhaltet Fragen zur „Customer Intelligence" (vgl. Burmann 2002; Homburg/ Krohmer 2003, Reichwald/Piller 2006; Hippner/Wilde 2006) als Wissensquelle für den unternehmerischen Wertschöpfungsprozess. Der Einbezug von Kundenwissen durch interorganisationale Teamstrukturen bietet besonders für biotechnologische Zulieferer eine Möglichkeit der Kompetenzbündelung und aktiven Beeinflussung der Nachfrage. Modul IV analysiert erfolgskritische Ereignisse am Beispiel der Wertschöpfungskette in der Medikamentenentwicklung (Rote Biotechnologie) aus Sicht der Wissensökonomie. Die Probleme Ressourcenknappheit und disparat verstreutes Wissen verlangen eine Vergabe von Wertschöpfungsstufen mit wissensökonomischer Reife (vgl. Dietl 1993; 1995; Picot/Dietl/Franck 2005), die ohne den kostenintensiven Transfer von implizitem Wissen über Marktschnittstellen organisiert werden (z.B. Ergebnisse klinischer Studien von Contract Research Organizations). Daneben besteht bei der Kooperation von thematisch verwandten Unternehmen die Gefahr des Wissensabflusses, die abhängig vom sozioökonomischen Kontext unterschiedlich stark ausgeprägt ist (vgl. u.a. Granovetter 1990; Morrison/Rabellotti 2005).

Formal sieht der Interviewleitfaden die Wahlmöglichkeit für eine Anonymisierung des Gesprächs durch den Befragten vor, um psychologische Barrieren abzubauen und den Datenschutz zu gewährleisten (vgl. Bortz/Döring 2006, S.310f.; Kardorff 2007, S.247f.; Hopf 2007, S.590f.). Die Überprüfung und Anpassung der insgesamt 14 Fragen zu den vier Modulen erfolgte im Rahmen zweier Pretests (vgl. Schnell/Hill/Esser 2005, S.345f.; Gläser/Laudel 2006, S.104; EZ1 2007, Interview; EZ2 2007, Interview), die ebenfalls Aufschluss über den zeitlichen Umfang der Gespräche (ca. 45 Min.) und die benötigte Auswahl an Experten gaben. In der Stichprobe fanden nur solche Personen Berücksichtigung, die aufgrund ihrer beruflichen Tätigkeit im Wissenscluster oder an Schnittstellen außerhalb des Clusters über ein hohes Fachwissen und besondere Kenntnisse des Biotech-Standorts Martinsried verfügen. Über Veranstaltungen der Bio^{M} GmbH wie der „Tag der offenen Tür“, Seminare oder universitäre Veranstaltungen sowie durch die Zusendung der Projektpräsentation an potentielle Experten konnten im Befragungszeitraum vom 07.09. bis 29.10.2007 insgesamt 21 Teilnehmer gewonnen werden. Davon gingen 17 Interviews in die qualitative Auswertung ein.

Die Human- und Sozialwissenschaften diskutieren eine Reihe qualitativ-interpretativer Verfahren zur Analyse von Befragungsinhalten (siehe Tab.2). Durch die intersubjektive Nachvollziehbarkeit der Arbeitsschritte soll eine Konsensfähigkeit der Interpretationen zwischen verschiedenen Forschern erreicht werden (vgl. Flick 1999, S.243f.; Mayer 2006, S.55ff.; Knoblauch 2007, S.627f.). Hierbei betonen Bortz/Döring (2006, S.303):

> „Empirische Untersuchungen sollten nicht nach der Art der verwendeten Untersuchungsmethoden, sondern nach ihren Ergebnissen, ihrer Funktion und ihrem Stellenwert für den Wissenschaftsprozess beurteilt werden.“

Nach einem detaillierten Vergleich der Techniken wurde für die vorliegende Arbeit ein 5-stufiges Ablaufschema entwickelt, das eine analytische Begründung der Anzahl an Experten und die systematische Herleitung zentraler Themenfelder ermöglicht.

AutorInnen	**Theoriebezug**	**Auswertungsstufen**
Mühlfeld et al. (1981)	Ablaufschema	1. Relevante Antworten markieren 2. Kategorienschema bilden 3. Innere Logik herstellen 4. Differenzierte Niederschrift 5. Text mit Interviewausschnitten 6. Darstellung der Auswertung
Meuser/Nagel (1991, 2003, 2005a)	Ablaufschema	1. Praphrasierung der Interviews 2. Thematische Ordnung 3. Thematischer Vergleich 4. Konzeptionalisierung 5. Theoretische Generalisierung
Legewie (1994)	Globalauswertung	1. Orientierung im Text 2. Aktivierung von Kontextwissen

		3. Text durcharbeiten 4. Zusammenhänge extrahieren 5. Zusammenfassung 6. Bewertung des Textes 7. Auswertungsstichwörter 8. Konsequenzen 9. Ergebnisdarstellung
Glaser/Strauss (1967); Strauss (1987, 1994)	Grounded Theory	1. Theoretisches Sampling 2. Kodierparadigma (offenes, axiales, selektives Kodieren) 3. Memos erstellen
Myring (1989, 2007)	Qualitative Inhaltsanalyse	1. Zusammenfassende Inhaltsanalyse 2. Explizierende Inhaltsanalyse 3. Strukturierende Inhaltsanalyse
(thematisch erweitert)	Ablaufschema	1. Transkription der Expertengespräche 2. Paraphrasierung nach Dimensionen 3. Induktive Kategorienbildung 4. Kategorienbündelung zu Themenfeldern 5. Quantifizierende Analyse

Tab. 2: Qualitative Auswertungsmethoden (Quelle: Eigene Systematisierung).

Die erste Auswertungsstufe beinhaltet die Transkription der Tonbandaufzeichnungen bzw. bereinigte Niederschrift der Interviewprotokolle (vgl. Höld 2007, S.657ff.). Da bei Expertengesprächen die Erschließung von Wissensinhalten im Vordergrund steht, ist eine Beschreibung des Gesprächsverhaltens der Befragten wie im narrativen Interview entbehrlich (vgl. Gläser/Laudel 2006, S.188ff.; Kowal/O`Connell 2007, S.438f.). Daran anschließend folgt die Paraphrasierung jedes einzelnen Textes (vgl. u.a. Meuser/Nagel 1991, S.452ff.; Meuser/Nagel 2003, S.488f.; Mayer 2006, S.50ff.) und die Subsumierung der Sequenzen unter die Dimensionen Erfolgsfaktoren (DI), Problemfaktoren (DII) und Potentialfaktoren (DIII), die inhaltlich alle Module durchziehen. Gerade die strategische Managementforschung untersucht erfolgskritische Faktoren, um in einem dynamischen Wettbewerbsumfeld effiziente Unternehmensstrukturen und zukunftsfähige Strategien zu identifizieren (vgl. Corsten 1998, S.43f.; Welge/Al-Laham

2003, S.147; Bea/Haas 2005, S.114f.). Für das Wissensmanagement erkennen Helm/Meckl/Sodeik (2007) anhand eines umfangreichen Literaturvergleichs zur Erfolgsfaktorenforschung erheblichen empirischen Forschungsbedarf. Somit bietet sich das dimensionale Ordnungssystem sowohl für eine systematische Analyse in der Praxis bereits etablierter Wissenstransfermethoden als auch bei der Beurteilung von Verbesserungspotentialen an.

Im dritten Schritt werden durch Reduktion und Verdichtung der Paraphrasen aus dem empirischen Material induktiv Kategorien gebildet und kodiert (vgl. Bortz/Döring 2006, S.332; Mayring 2007, S.76f.; Lueger 2007, S.198f.; Böhm 2007, S.475f.). Durch Zählung der jeweils neu formulierten Kategorien ergibt sich ein abnehmender Grenznutzen (vgl. Varian 2001, S.61f.) bzw. Informationsbeitrag[11] der Expertengespräche (siehe Abb.5).

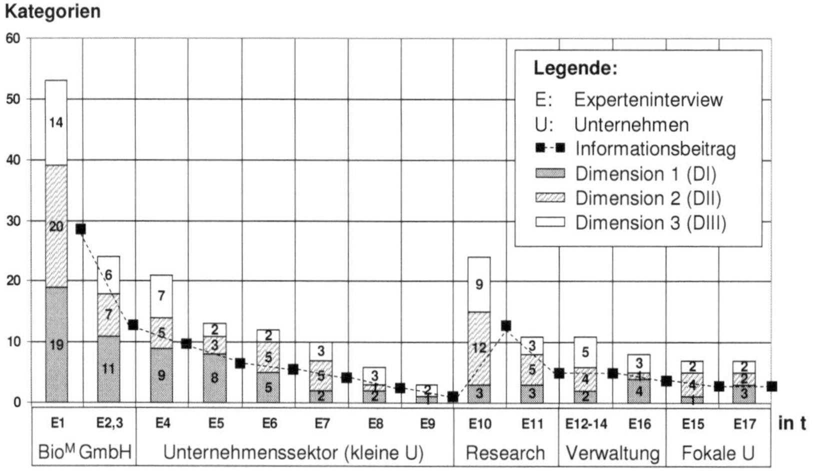

Abb. 5: Informationsbeitrag der Experteninterviews (Quelle: Eigene Erhebung).

[11] Aufgrund der thematischen Belegung der Begriffe „Informationswert" und „Informationsgehalt" durch die Informationstheorie (vgl. Cover/Thomas 1991; Neubauer 2006; Klimant et al. 2006; Göbel 2007) wird der neutrale Ausdruck „Informationsbeitrag" gewählt.

Die Zusammensetzung der Experten orientiert sich am modularisierten Analyserahmen und bildet die Heterogenität der Wirtschaftsakteure am Biotech-Standort Martinsried ab. Während das erste Gespräch mit dem Geschäftsführer der Bio^M GmbH, Herr Prof. Dr. Domdey, insgesamt 53 Kategorien lieferte, sank der Beitrag an neuen Informationen für die Analyse des Wissenstransfers in Clustern im Zeitablauf kontinuierlich ab. Nach neun Gesprächen konnte eine hohe Schnittmenge der Antwortmuster von Vertretern überwiegend kleiner Start-up-Unternehmen festgestellt werden, so dass eine weitere Befragung dieser relativ homogenen Teilgruppe unter einer Kosten-/Nutzenbetrachtung unwirtschaftlich gewesen wäre. Mit dem Perspektivenwechsel durch Einbezug von Fachleuten aus der biowissenschaftlichen Forschung, dem Bayerischen Wirtschaftsministerium und fokaler Biotechnologieunternehmen resultieren weitere Kategorien, die das Gesamtbild des Biotech-Standorts Martinsried komplementieren. Dabei ist ebenfalls ein fallender Verlauf des Informationsbeitrags zu vermuten.[12] Die vierte Auswertungsstufe bündelt die einzelnen Kategorien zu Hauptkategorien (vgl. Mayring 2007, S.75f.) bzw. Themenfeldern, die möglichst viele Informationen aus allen Interviews enthalten. Dabei unterstützt eine quantifizierende Analyse die interpretative Themenfindung (vgl. Gläser/Laudel 2006, S.191ff.; Mayring 2007, S.76f.) und visualisiert abschließend die Ergebnisse der Auswertung (siehe Abb.6).

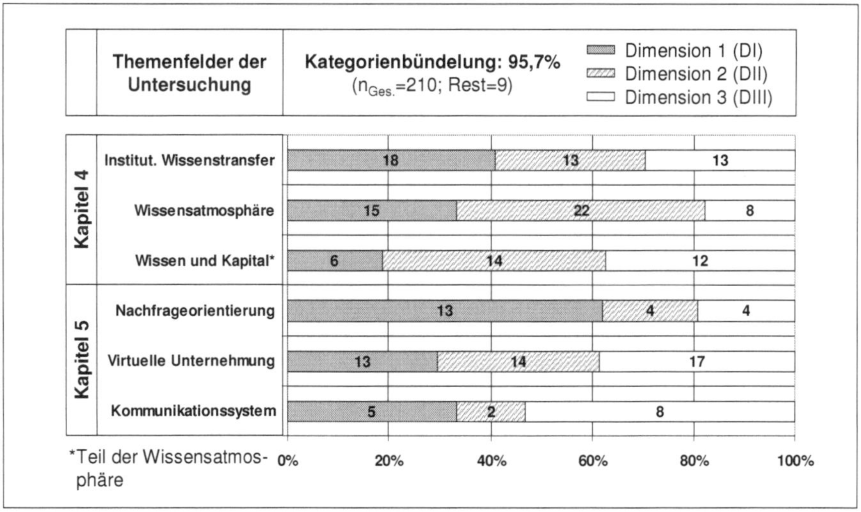

Abb. 6: Quantifizierende Analyse der Themenfelder (Quelle: Eigene Erhebung).

[12] Bezüglich einer statistischen Überprüfung der Tendenzaussagen und des Einflusses von Variablen, wie der Gesprächsdauer auf die Kategorienanzahl, besteht weiterer Forschungsbedarf.

Für die vorliegende Arbeit bündeln die sechs Themenfelder 95,7% der 210 Kategorien, wobei Restgrößen wie z.B. die Problemfaktoren (DII) „Mangelnde Erweiterungsflächen“ oder „Hohe Grundstückspreise“ aufgrund des fehlenden Wissensbezugs unberücksichtigt bleiben. Die Grafik verdeutlicht die relativen Ausprägungen der erfolgs-, problem- und potentialorientierten Dimension und liefert Anhaltspunkte, aus welchem Blickwinkel die Kapitel 4 und 5 zu untersuchen sind.

Die Beurteilung qualitativer Untersuchungsmethoden fällt im wissenschaftlichen Diskurs nicht unumstritten aus. Während Befürworter nichtstandardisierter Verfahren die Generierung neuer Erkenntnisse loben (vgl. hierzu Bogner/Menz 2005b, S.46f.; Gläser/Laudel 2006, S.26f.), monieren Kritiker Interviewereinflüsse, die Subjektivität der Interpretationen oder die fehlende Verallgemeinerbarkeit der Aussagen (vgl. Böhler 2004, S.88f.; Dannenberg/Barthel 2004, S.220f.; Kuß 2004, S.112f.; Schnettler/Wendt 2006, S.302f.). Im Bezug auf die intersubjektive Nachvollziehbarkeit und Generalisierungsmöglichkeit der Ergebnisse verweisen Bortz/Döring (2006, S.336) auf die Relevanz von quantifizierenden Techniken der Datenanalyse:

> „Wir vertreten die Auffassung, dass Generalisierbarkeit allein durch willkürliches Auswählen vermeintlich typischer Fälle nicht begründet werden kann, sondern dass ergänzend quantifizierende Aussagen erforderlich sind.“

Klassische Gütekriterien zur Beurteilung der wissenschaftlichen Erkenntnisgewinnung sind Objektivität, Validität, Repräsentativität und Reliabilität (vgl. Kepper 1994, S.194; Mayer 2006, S.54f.; Steinke 2007a, S.323f.). Im spezifischen Kontext der qualitativen Forschung bedeutet Objektivität der interpersonelle Konsens zwischen verschiedenen Forschern bei der Untersuchung desselben Sachverhaltes (Durchführungsobjektivität) sowie der Interpretation der Datenbasis (Auswertungsobjektivität) mit vergleichbaren Methodiken (vgl. u.a. Bortz/Döring 2006, S.326f.; Steinke 2007b, S.264f.). Für die vorliegende Erhebung wird eine transparente Vorgehensweise durch den modularisierten Analyserahmen und den halbstandardisierten Fragebogen gewährleistet. Die Auswertung verläuft nach einem vordefinierten Schema und ermöglicht eine wiederholte Anwendung. Die Validität bzw. Gültigkeit beschreibt die Authentizität (interne Validität) und Generalisierbarkeit (externe Validität) der Untersuchungsergebnisse (vgl. Mayer 2006, S.54; Steinke 2007a, S.320f.). Die Problematik von Interviewereinflüssen wiegt bei Experten mit hoher fachlicher Kompetenz und gefestigten Sichtweisen gering (vgl. Bogner/Menz 2005b, S.46ff.; Gläser/Laudel 2006, S.10f.). Zudem wurden im Sinne einer kommunikativen bzw. konsensuellen Validierung (vgl. Mayer 2006, S.56f.; Bortz/Döring 2006, S.328f.) die Ergebnisse der Befragung mit zwei unabhängigen Experten diskutiert und für plausibel empfunden (vgl. EZ3 2007, Interview; EZ6 2007, Interview). Die Bewertung der Transferierbarkeit der Aussagen ist eng mit dem Gütekriterium Repräsentativität verbunden. Aufgrund der aufwendigen Datenerhebung weisen qualitative Instrumente generell nur eine geringe Fallzahl auf (vgl. Lamnek 1995, S.93f.; Pfadenhauer 2007, S.459ff.). Durch die quantifizierende Analyse des Informationsbeitrags der Experteninterviews wird eine gewisse Repräsentation erreicht, die sich in den Überschneidungen der Antwortmuster im Unternehmenssektor widerspiegelt (vgl. zudem Mayring 2007). Die Reliabilität bzw. Zuverlässigkeit qualitativer Methodiken bleibt als Folge der Individualität, historischen Unwiederholbarkeit und Kontextualität der jeweiligen Situation umstritten (vgl. Kepper 1994, S.196f.; Bortz/Döring 2006, S.327). Die systematische Herleitung von Themenfeldern aus empirischen Daten verringert den Vorwurf der selektiven Plausibilisierung (vgl. Mayer 2006, S.55f.), wobei für eine abschließende Beurteilung des vorgestellten Analysetools weiterer Forschungsbedarf festzustellen ist.

3.2 Zielsetzung der quantitativen Befragung

Im Rahmen der empirischen Untersuchung des interorganisationalen Wissenstransfers liefert eine quantitative Befragung von Life Science-Unternehmen im Münchner Biotech-Cluster Indizien zur Beantwortung der folgenden Fragen:

- Welche Relevanz messen die Unternehmen den Netzwerkaktivitäten der Bio^{M} GmbH für den reziproken Informationsaustausch bei? (Kapitel 4.2.2.)
- Welcher Zusammenhang könnte zwischen der Kapitalausstattung und dem Wissenstransferverhalten von Unternehmen bestehen? (Kapitel 4.2.3.)
- Was sind die wichtigsten Informations- und Wissensquellen, die Mitarbeiter aus dem Life Science-Sektor nutzen? (Kapitel 5.1.)
- Wie wichtig ist die interorganisationale Vernetzung für die Unternehmen auf verschiedenen Maßstabsebenen? (Kapitel 5.2.)

Hierfür wurden im Zeitraum vom 01.10. bis 09.10.2007 alle 177 Ansprechpartner aus der Firmendatenbank des Netzwerkkoordinators Bio^{M} GmbH namentlich angeschrieben (vgl. Bio^{M} GmbH 2007b) und um die Teilnahme an der Onlinebefragung (siehe A.4) gebeten. Die Rücklaufquote betrug über 15%, wobei insgesamt 27 Antwortmuster in die Auswertung eingingen. Die Stichprobe (vgl. z.B. Kirchhoff et al. 2006, S.15) setzt sich aus 7 Unternehmen der Bereiche Therapeutika & Diagnostika, 6 Serviceunternehmen für Geräte und Reagenzien, je 3 Dienstleistern für DNA/Protein-Analytik und präklinische Studien sowie weiteren Unternehmen der Pharmazie, Bioinformatik oder Weißen Biotechnologie zusammen. Der Biotech-Standort Martinsried wird mit 13 Firmen bzw. 24% ($n_{Ges.}$=55) repräsentiert und spiegelt ebenfalls die Heterogenität der Branche wider.

Der Fragebogen beinhaltet neben offenen auch geschlossene Fragen. Dabei sollen die Ergebnisse, die mit Hilfe von 5-stufigen Likert-Skalen mit den Ausprägungen unwichtig (1) bis sehr wichtig (5) sowie einem Polaritätenprofil ermittelt und durch die Berechnung des arithmetischen Mittels ausgewertet wurden (vgl. Hammann/Erichson 2000, S.348f.; Toutenburg 2000, S.53f.; Homburg/Krohmer 2003, S.221f.), die Ableitung von Tendenzaussagen zu den Forschungsfragen ermöglichen. Die methodische Triangulation (vgl. Bortz/Döring 2006, S.365f.; Flick 2007, S.309f.) unterstützt somit eine umfassende Analyse des Untersuchungsgegenstands.

4 Koordinationsmechanismen des Wissenstransfers

Gemäß Bathelt (1994) bilden sozioökonomische Koordinationsmechanismen wie gesetzliche Regelungen, staatliche Organisationen oder Normen und Werte einen Handlungsrahmen, in dem sich wirtschaftliche Aktivitäten entfalten können (vgl. u.a. Bathelt 1994, S.66f.; Bathelt/Glückler 2003, S.253f.; Haas/Neumair 2007, S.83). Die Betrachtung korrespondiert mit dem Institutionenverständnis der Neuen Institutionenökonomik, die mit der Property-Rights-Theorie (PRT), Transaktionskostentheorie (TKT) und Principal-Agent-Theorie (PAT) über ein breites Instrumentarium zur analytischen Erfassung von Organisationsproblemen verfügt (vgl. Göbel 2002; Picot/Reichwald/Wigand 2003; Erlei/Leschke/Sauerland 2007). Diese entstehen in einem arbeitsteiligen Wirtschaftssystem aus dem Koordinationsproblem des „Nicht-Wissens" und dem Motivationsproblem des „Nicht-Wollens" (vgl. Picot/Dietl/Franck 2005, S.5f.). Somit stellen Mechanismen für den Informationsaustausch und Wissenstransfer, wie die Technologietransferstellen, der Netzwerkkoordinator oder die Wissensatmosphäre, eine Grundvoraussetzung für effiziente und leistungsfähige Clusterstrukturen dar und erfordern eine genaue Untersuchung am Beispiel des Biotech-Standorts Martinsried (vgl. Powell 1998; Bathelt/Malmberg/Maskell 2002; Lorenzen/Maskell 2003; Dosi/Llerena/Lambini 2005; Rosiello 2007).

4.1 Allgemeines Modell des Wissenstransfers in Clustern

Die in Kapitel 2.2 vorgenommene definitorische Einordnung des Wissensbegriffs verdeutlicht bereits die Vielfalt unterschiedlicher Zugänge bei der Analyse des Wissenstransfers zwischen verschiedenen Wirtschaftsakteuren. Wissen entsteht im Rahmen der Begriffshierarchie Daten, Information und Wissen (siehe Abb.7) durch eine zweckorientierte Vernetzung von Informationen (vgl. Hippner 2005, S.127f.). Dem Prozess der Wissensgenese (vgl. Herrmann/Mambrey/Shire 2003, S.89f.) liegt implizit die Annahme zu Grunde, dass jede Interaktions- und Kommunikationsbeziehung zu einer Veränderung der Wissensbasis in einem adaptiven System wie Personen oder Organisationen führt und somit das Lernen der Wissensträger unvermeidbar macht (vgl. Argyris/Schön 2002, S.20; Al-Laham 2003, S.59). Diesen Zusammenhang beschreibt Willke (2004, S.48) mit folgenden Worten:

> „Lernen lässt sich gar nicht vermeiden. Ebenso, wie Menschen (wenn sie wach und interaktiv sind) nicht nicht kommunizieren können, weil auch die bewusste Verweigerung expliziter Kommunikation eine umso deutlichere implizite Kommunikation ist, so können psychische und soziale Systeme nicht nicht lernen. Denn jede Art von Praxis erzeugt irgendein Lernen."

Dabei bewegt sich der Wissenstransfer aus räumlicher Perspektive in einem Kontinuum zwischen den diametral gelegenen Sichtweisen der Persistenz von lokalem Wissen für Lernprozesse und der globalen Verfügbarkeit sämtlicher Wissensressourcen (vgl. Ibert 2006, S.98f.). Die räumliche Nähe spielt in Konzepten wie der „Lernenden Region" (vgl. Simmie 1997; Scheff 2001; Matthiesen/Reutter 2003) eine entscheidende Rolle für die Generierung von neuem Wissens durch „Learning by doing" (Arrow 1962), „Learning by using" (Dosi 1988) oder „Learning by interacting" (Lundvall 1988) sowie bei der Erzielung von Wissensspillovereffekten zwischen den Wissensträgern im Cluster (vgl. Koschatzky 2001, S.103f.; Asheim/Boschma 2007, S.3f.; Breschi/Malerba 2007, S.2f.).

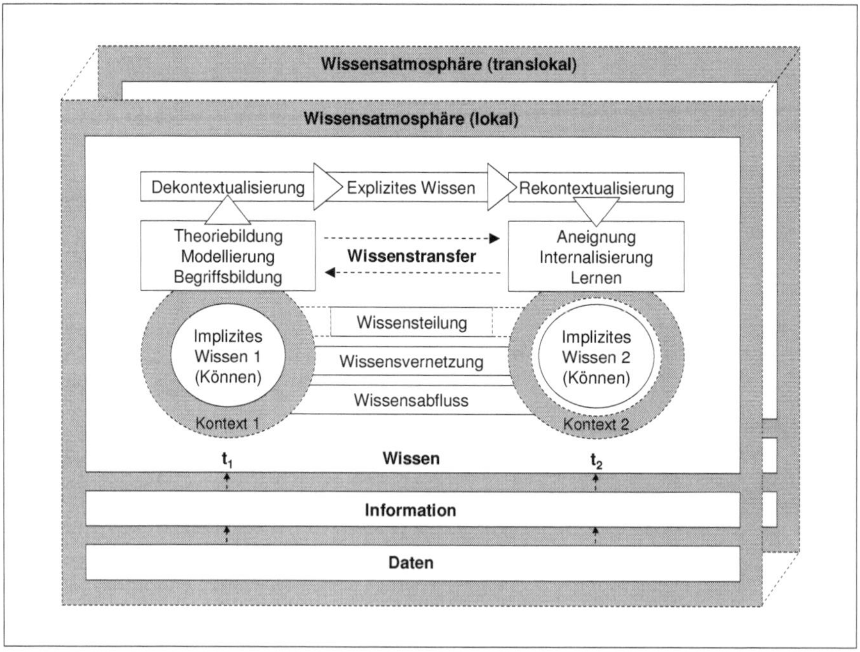

Abb. 7: Allgemeines Modell des Wissenstransfers in Clustern (Quelle: Eigene Darstellung).

Diese theoretischen Annahmen teilen ebenfalls die Mehrheit der befragten Experten (n=12) am Biotech-Standort Martinsried. In hohem Maße profitieren Start-up-Unternehmen von einem informellen Erfahrungsaustausch und den face-to-face-Kontakten im Inkubator IZB (E11 2007, Z20-Z25, Interview):

> „Die räumliche Nähe ist extrem wichtig, weil man durch Zufallsbegegnungen einfach Kontakte aufbauen oder pflegen kann und es ist immer schwerer, aktiv so ein Wissensnetzwerk über Kommunikationsmittel zu pflegen, als wenn man die Leute selber trifft. Es stimmt hier die Aussage, dass eine E-Mail ein Zehntel soviel wert ist wie ein Telefongespräch und ein Telefongespräch ist ein Zehntel soviel wert wie ein persönliches Gespräch."

Demgegenüber ermöglichen moderne IuK-Technologien und die Mobilität des Humankapitals den Aufbau globaler Wertschöpfungsnetzwerke (vgl. Morgan 2001, S.5f.; Ibert 2006, S.98f.; Miles/Tully 2007, S.856f.). So betonen fokale Biotechnologieunternehmen (n=2) die Relevanz von international verteiltem Spezialwissen bei der Wahl von Kooperationspartnern und der Koordination wirtschaftlicher Aktivitäten im Sinne eines „Global Sourcing" unter Qualitätsaspekten (E17 2007, Z368-Z371, Interview):

> „Es läuft bei uns ausschließlich über das Qualitätsargument. Wenn man für über 150.000 Dollar Tierversuche in Denver in Auftrag gibt, spielen die 2.000 Dollar Reisekosten keine Rolle. Es ist wirklich schwer geworden, seine Firmengründungen über die Nähe zum Cluster zu definieren, das ist wirklich schwierig."

Im Mittelpunkt des allgemeinen Modells des Wissenstransfers stehen Funktionsweisen der Wissenstransformation und -übertragung zwischen spezialisierten Clusterakteuren, die sich aufgrund der jeweiligen Wissensgebiete in verschiedenen Kontexten bewegen (z.B. Kaufmann Venture Capital-Geber vs. Techniker Biotechnologiefirma) und für die Erreichung ihrer unternehmerischen Zielsetzungen (vgl. u.a. Hess 2002; Hansmann/Ringle 2005; Stadlbauer/Wilde/Hess 2007) einen Wissenstransferbedarf erkannt haben. Entgegen der dimensionalen Trennung zwischen dem impliziten und expliziten Wissen bei Polanyi (1985) erlaubt das Konzept der Wissensspirale von Nonaka/Takeuchi (1995, 1997) die Überführung der beiden Wissensarten (vgl. z.B. Schreyögg/Geiger 2003, S.14ff.). Die Autoren systematisieren die Phasen Sozialisation, Kombination, Externalisierung und Internalisierung des Wissens, das abhängig von der Ausprägung seiner Explizitheit bzw. Implizitheit (sog. epistemologische Dimension) und der organisatorischen Ebene (sog. ontologische Dimension) zirkuliert (vgl. Nonaka/Takeuchi 1997, S.84f.). Bei interorganisationalen Wissensflüssen stellt die „Kombination" die Erweiterung des expliziten Wissens durch den Informationsaustausch rechtlich selbständiger Unternehmen dar, während sich die „Sozialisation" auf den Austausch impliziter Erfahrungen bezieht. Die weiteren Phasen bilden die „Externalisierung" von implizitem in explizites Wissen durch schriftliche Fixierung sowie „Internalisierung" festgelegter Richtlinien in die Unternehmenskultur (vgl. Nonaka/Takeuchi 1997, S.84f.; Welge/Holtbrügge 2000, S.769f.; North 2005, S.45f.). Dies illustriert Herr Prof. Dr. Domdey am Beispiel von Netzwerkveranstaltungen der Bio^M GmbH (E1 2007, Z433-Z438, Interview):

> „Unsere Intention ist, dass es einen Informationstransfer über die allgemeinen Dinge gibt, das heißt wenn jemand ein Problem angetroffen hat und vor allem, wenn er dieses Problem entweder nicht lösen konnte oder nicht gleich lösen konnte oder sogar falsch gelöst hat, dass diese Informationen an die anderen weitergegeben werden. Also der Leitspruch für die Stammtische ist für mich: Ein Fehler darf in der Region nur einmal gemacht werden!"

Der Wirkungsmechanismus der Wissensspirale lässt sich ebenfalls auf Interaktionsprozesse in einem arbeitsteiligen Gesellschaftssystem anwenden (vgl. Helmstädter 1999, 2000, 2003). So entspricht die sozioökonomische Teilhabe am Wissenspool einem dynamischen Diffusionsvorgang, bei dem das Können bzw. implizite Wissen durch Abstrahierung mittels Begriffsbildung, Modellierung oder Theoriebildung dekontextualisiert und als explizites Wissen durch Aneignung, Internalisierung oder Lernen in einen neuen Kontext übertragen wird (vgl. Helmstädter 1999, S.13f.). Zudem unterscheidet die vorliegende Arbeit die Überlappung von Wissensbereichen durch Wissensteilung und -vernetzung sowie die Problematik des Wissensabflusses in Form von Personen oder Produkten.

Aus wissensökonomischer Perspektive ist diejenige Wissensteilung zu wählen, bei der das zur Verfügung stehende Wissenspotential durch Spezialisierung und Arbeitsteilung am effizientesten genutzt werden kann (vgl. u.a. Teece 1982, S.49; Picot/Dietl/Franck 2005, S.319ff.). Die Zerlegung der Wertschöpfungskette erfolgt anhand von Modulen mit wissensökonomischer Reife, bei denen die nachgelagerte Wertschöpfungsstufe nicht auf das implizite Wissen der vorgelagerten Stufe zugreifen muss (vgl. Dietl 1993, S.174ff.; Dietl 1995, S.574f.). Der kostenintensive Wissenstransfer reduziert sich demnach auf das gemeinsam geteilte Schnittstellenwissen, wie Spezifikationen als rationale Kommunikationsstandards (vgl. Waldenberger 1998, S.41ff.), um die Wertschöpfungsprozesse zu koordinieren. Der Geschäftsführer der SuppreMol GmbH, Herr Prof. Dr. Buckel (E7 2007, Z244-Z249, Interview), verdeutlicht dieses Prinzip am Beispiel des Outsourcings in der Medikamentenentwicklung:

„Wir vergeben fast alles nach außen. Wir haben als Kernkompetenz das Wissen über Moleküle, Proteine oder Assays, so dass wir das, was draußen im Auftrag gemacht wird, auch überprüfen können. Die Produktion läuft außerhalb und die Tierversuche, das übernehmen Auftragsunternehmen, die alles für uns machen, weil wir sonst eine Firma mit 70 Leuten sein müssten, um so ein Produkt voran zu bringen."

Die Wissensvernetzung als Bündelung von organisationalen Fähigkeiten und Expertise stellt bei der Generierung neuen Wissens und der Anwendung komplexer Technologien einen der Hauptgründe für Kooperationen in der Biotechnologiebranche dar (vgl. Reiß/Koschatzky 1997, S.78ff.; Knyphausen-Aufseß/Schweizer 2003, S.1120ff.; Ernst&Young 2007, S.65f.). Dennoch sehen Experten (n=4) für den Biotech-Standort Martinsried zusätzlichen Bedarf zur zwischenbetrieblichen Standortvernetzung (E10 2007, Z326-Z329, Interview):

„Die Vernetzung des Forschungscampus ist eine der wichtigsten Aufgaben für uns. Die zentrale Frage dabei lautet, wie vernetze ich industriell-orientierte, kommerzielle Forschung mit der akademischen Forschung? Das ist ein ganz großes Problem, das wir bewältigen müssen."

Eine weitere Möglichkeit des Wissenstransfers zeigt sich anhand der Problematik des Wissensabflusses (vgl. E4 2007, Z300-Z306, Interview). Während explizites Wissen in Form von Patenten der weiterführenden Forschung offengelegt wird und als Grundlage von Innovations- und Entwicklungsprozessen relativ einfach diffundieren kann (vgl. E9 2007, Z3-Z14, Interview), ist implizites Wissen an einen Wissensträger wie Personen oder Produkte gebunden. Die zielgerichtete Abwerbung von Experten verursacht somit einen unmittelbaren Transfer von Expertenwissen, beispielsweise aus dem Kontext der Grundlagenforschung hin zur kommerziellen Wissensverwertung in Unternehmen (E10 2007, Z254-Z259, Interview):

„Wir hatten ganz schlimme Phasen als das IZB hier gestartet ist und die Zuwendungsgeber Geld ohne Ende zur Verfügung stellten. Die Unternehmen haben uns dann sämtliches technisches Personal abgezogen. Das ging soweit, dass man bei uns im Labor anrief und sagte: Sie bekommen von uns 500 EUR mehr, kommen Sie! Dann hatten wir keine Leute mehr."

Im Bezug auf den Wissensabfluss durch Produktimitation identifizieren alle befragten Experten des Unternehmenssektors (n=6) China als eine potentielle Gefahrenquelle (vgl. u.a. E6 2007, Z235-Z245, Interview). Dabei verweisen Anbieter biotechnologischer Geräte auf die fehlenden Kontrollmöglichkeiten gegenüber Plagiaten (vgl. E5

2007, Z255-Z262, Interview). Neben der Erschließung von technischem Produktwissen (vgl. Howells 2002, S.875) beschreibt Herr Prof. Dr. Buckel (E7 2007, Z388-Z392, Interview) das soziokulturelle Phänomen der Nachahmung[13] mit folgenden Worten:

> „Die Chinesen haben immer noch mehr so eine Abkupfermentalität. Für mich haben die Chinesen das sehr eindrucksvoll so formuliert: ´cloning by postdoc´, das heißt ich gehe in irgendein westliches Labor, nehme mir den Klon mit und mache dann zu Hause das, was hier schon als Lösung patentiert ist oder nicht, einfach nochmal."

Aufgrund der hohen Relevanz des Wissensschutzes in forschungsintensiven Industriezweigen, wie der Biotechnologie, setzt sich das nächste Kapitel mit Fragen der Wissensoffenlegung im Rahmen der Patentierung (vgl. Gassmann/Bader 2006; Burr et al. 2007) aus Sicht der Neuen Institutionenökonomik auseinander.

4.2 Institutionenökonomische Analyse des Wissensclusters Biotechnologie am Standort Martinsried

Das Theoriegebäude der Neuen Institutionenökonomik umfasst mit der PRT, TKT und PAT ein breites Instrumentarium zur Erklärung ökonomischer Handlungen in einer Welt unvollkommener Information und ungleich verteilten Wissens (vgl. Göbel 2002, S.51f.; Picot/Dietl/Franck 2005, S.45ff.; Erlei/Leschke/Sauerland 2007, S.65f.). Entgegen dem Axiom der rationalen Erwartungen in der Neoklassik (vgl. Felderer/Homburg 2005, S.5f.) kennzeichnen die institutionalistischen Ansätze weitgehend kongruente Verhaltensannahmen wie methodologischer Individualismus, individuelle Nutzenmaximierung in Verbindung mit Opportunismus sowie begrenzte Rationalität (vgl. u.a. Picot/Reichwald/Wigand 2003, S.44f.; Picot/Dietl/Franck 2005, S.45f.).

Während der methodologische Individualismus als Forschungskonzept (vgl. dazu Kritik Pietsch 2005, S.4ff.) aus den Zielen und Entscheidungen von Individuen Rückschlüsse auf soziale Systeme zieht (vgl. u.a. Schumpeter 1908, S.90ff.; Udehn 2002, S.484ff.; Picot/Reichwald/Wigand 2003, S.44f.), unterstellt das Modell des Homo Oeconomicus einen rational handelnden Menschen, der seine Aktivitäten auf Basis der gegebenen Informationen nach dem ökonomischen Prinzip der individuellen Nutzen-

[13] Für eine vertiefte Behandlung dieser Thematik siehe Böhn et al. (2003), Depner (2006) oder Liefner (2006).

maximierung ausführt (vgl. Kirchgässner 2000; Göbel 2002, S.344f.). Damit eng verwandt beschreibt Opportunismus (vgl. z.B. Alchian/Demsetz 1972; Williamson 1975; Pietsch 2005, S.9ff.) die spieltheoretisch begründbaren negativen Konsequenzen der Orientierung am Eigennutzen (vgl. Picot/Reichwald/Wigand 2003, S.38ff.; Homann/ Lütge 2005, S.44f.; Brandenburger/Nalebuff 2008, S.26ff.). Nach Experteneinschätzung (n=3) liegt dieser Sachverhalt für den Untersuchungsgegenstand vor (E17 2007, Z315-Z318, Interview):

> „Die einzelnen Teilnehmer sind Egoisten, die denken betriebswirtschaftlich und da ist der Punkt, wo Eigennutz und wo Fremdnutz beginnt, Altruismus und Egoismus, wie viel gewinne ich selbst dadurch, wenn ich auch etwas hergebe.“

Aus der begrenzten Rationalität der Wirtschaftsakteure (vgl. Simon 1957), aufgrund des eingeschränkten Informationszugangs und -verarbeitungskapazität, resultieren sowohl Kommunikationsprobleme zwischen unterschiedlichen Lebens-, Sprach- und Wissensformen der Handelnden (vgl. Kirsch 2001, S.287f.) als auch das Koordinations- sowie Motivationsproblem (vgl. Picot/Dietl/Franck 2005, S.8ff.). Für die Experten am Biotech-Standort Martinsried (n=13) ist daher ein effizienter Wissenstransfer zwischen disparat verteilten Wissensträgern eine grundlegende Voraussetzung für Innovations- und Entwicklungsprozesse (vgl. E5 2007, Z274-Z278, Interview).

Eine kritische Würdigung erfahren die neoinstitutionalistischen Ansätze durch Autoren wie Helmstädter (1999, 2000, 2003), Richter/Furubotn (2003) oder Schauenberg et al. (2005). In Bezug auf wissensökonomische Sachverhalte wies bereits Arrow (1962) auf das Informationsparadoxon hin, wonach eine Informationsbewertung erst nach Offenlegung der Wissensinhalte erfolgen kann und es somit zum Marktversagen für solche immateriellen Dinge kommt (vgl. Novy/Trippl 2007). Auch Helmstädter (2000) bemerkt die grundlegenden Unterschiede zwischen normalen Gütern und der Ressource Wissen, die sich durch ihre Akkumulierbarkeit, Freie-Guts-Eigenschaft und unendliche Grenzproduktivität in der Nutzung auszeichnet (vgl. Teece 1982, S.49f.; Waldenberger 1998, S.40f.). Für eine Übertragung der Neuen Institutionenökonomik als ein vertragstheoretischer Analyserahmen auf die Untersuchung des Wissenstransfers bedarf es in Anlehnung an Hayek (1945), Picot/Dietl/Franck (2005) oder Reichwald/Piller (2006) der Verbindung zwischen Arbeits- und Wissensteilung. Demnach liegt für eine transaktionale Beziehung das Wissen entweder in expliziter Form (z.B. Patente) oder gebunden an den einzelnen Wissensträger (z.B. Mitarbeiter) vor, wobei die Funktionsweisen der Wissenstransformation weiterhin bestehen (vgl. Nonaka/Takeuchi 1997; Helmstädter 2003; Schreyögg/Geiger 2003; North 2005). Die Auswirkungen der Arbeitsteilung auf die Veränderung der gesellschaftlichen Wissensbasis erläutert Loasby (2001, S.10):

> „For differently-formulated problems, we tend to rely on different contexts of similarity, and for new problems we experiment with new connections that define new contexts: that is how the division of labour leads to differentiated knowledge."

Die vorliegende Arbeit schließt sich ebenfalls dieser Auffassung an und verwendet die realitätsnahen Annahmen und theoretisch fundierten Ansätze der Neuen Institutionenökonomik für die Analyse des Wissensclusters.

4.2.1 Institutionalisierter Wissenstransfer im Lichte der Property-Rights-Theorie

Im Fokus der PRT (siehe Abb.8) stehen die Gestaltung und Verteilung von Handlungs- und Verfügungsrechten sowie deren Durchsetzbarkeit im Rahmen ökonomischer Austauschbeziehungen (vgl. Coase 1960; Alchian/Demsetz 1972; Picot/Dietl/Franck 2005, S.46f.). Neben den allgemeinen Verhaltensannahmen der Neuen Institutionenökonomik basiert der Verfügungsrechtsansatz auf den Kernelementen Property Rights, externe Effekte und Transaktionskosten (vgl. Göbel 2002, S.68f.; Picot/Reichwald/Wigand 2003, S.45ff.). Da der Wert eines Gutes sowohl von dessen physischen Merkmalen als auch von der Möglichkeit zur Ausübung der Handlungs- und Verfügungsrechte determiniert wird, systematisiert die wissenschaftliche Literatur unter Property Rights das Nutzungsrecht (usus), Verfügungsrecht (abusus), Gewinnaneignungsrecht (usus fructus) sowie das Recht zur Einbehaltung von Liquidationserlösen, die vollständig oder teilweise den Akteuren zugeordnet werden können (vgl. Alchian/Demsetz 1973; Furubotn/Pejovich 1972, 1974; Göbel 2002, S.66f.; Dietl/Velden 2004, S.1566f.; Erlei/Leschke/Sauerland 2007, S.223f.).

Bei einer unvollständigen Verteilung der Property Rights besteht die Gefahr von Wohlstandsverlusten aufgrund externer Effekte (vgl. hierzu Picot/Reichwald/Wigand 2003, S.46f.). Diese beschreiben unkompensierte Nutzenveränderungen, die durch Handlungen eines Wirtschaftssubjekts bei anderen Gesellschaftsmitgliedern ohne einen marktlichen Ausgleich entstehen (vgl. Varian 2001, S.524f.). Während bei negativen externen Effekten die sozialen Kosten höher als die privaten Kosten des Handelnden liegen, übersteigt bei positiven externen Effekten der soziale Nutzen den privaten (vgl. Picot/Dietl/Franck 2005, S.48ff.). Das Ausmaß des damit verbundenen Wohlstandsverlustes hängt somit von der Zuordnungsmöglichkeit der Handlungsfolgen auf die einzelnen Emittenten ab (vgl. Coase 1960, S.8f.; Demsetz 1967, S.348; Picot/Reichwald/Wigand 2003, S.46f.).

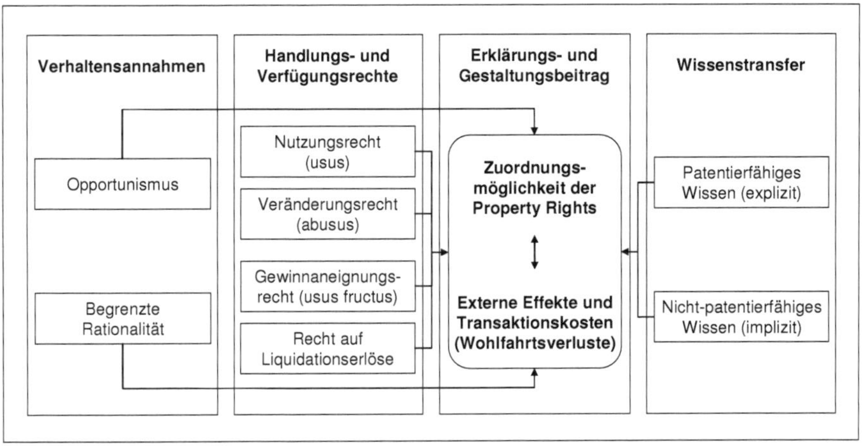

Abb. 8: Wissenstransfer und die Property-Rights-Theorie (Quelle: Eigene Darstellung).

Unter Einbezug von Transaktionskosten kommt es zu einem Trade-off zwischen dem zunehmenden Aufwand der Bildung, Zuordnung, Übertragung und Durchsetzung von Property Rights sowie dem Sinken von Wohlstandsverlusten durch die Internalisierung externer Effekte (vgl. Erlei/Jost 2001, S.38f.; Picot/Reichwald/Wigand 2003, S.48f.). In Anlehnung an Picot/Dietl/Franck (2005) lässt sich hieraus folgende These zur Erklärung und Gestaltung anreizkompatibler PR-Strukturen ableiten:

> Aus Property-Rights-theoretischer Sicht ist diejenige PR-Verteilung am effizientesten, welche die Summe aus Transaktionskosten und den durch externe Effekte hervorgerufenen Wohlfahrtsverlusten minimiert.

Für die Übertragung der theoretischen Grundlagen auf wissensökonomische Sachverhalte bietet sich die Differenzierung in patentierfähiges und nicht-patentierfähiges Wissen an (vgl. Picot/Dietl/Franck 2005, S.319). Damit der Schutzbereich von Patenten für die exklusive Verwertung innovativer Erzeugnisse oder Verfahrenstechniken Geltung erlangen kann, bedarf es der Explizierung und Artikulierung des Wissens (vgl. Burr et al. 2007, S.3f.). Das deutsche Patentgesetz und das Europäische Patentübereinkommen schreiben zudem die gewerbliche Anwendbarkeit der Erfindung als Eintragungsvoraussetzung vor (vgl. DPMA 2007; EPO 2007). Ferner systematisiert die World Intellectual Property Organization (WIPO) neben Autorenrechten (Copyrights) verschiedene Kategorien von sog. geistigen Eigentumsrechten (Intellectual Property Rights), wie Warenzeichen, Sortenschutzrechte oder Gebrauchs- und Geschmacksmuster (vgl. Kutschker/Schmid 2005, S.839ff.; Gassmann/Bader 2006, S.8f.; WIPO 2007).

Aufgrund der Freien-Guts-Eigenschaft der Ressource Wissen, die durch Nichtrivalität im Konsum und Nichtausschließbarkeit anderer Nutzer gekennzeichnet ist, würde ein Wirtschaftssystem ohne intellektuelle Eigentumsrechte, unter Berücksichtigung der Verhaltensannahmen der PRT, zu einem kontinuierlichen Wissensabfluss vom Innovator zum Imitator führen, der sich in vollem Umfang die Innovationsgewinne aneignet (vgl. u.a. Waldenberger 1998, S.40f.; Gassmann/Bader 2006, S.22f.). Dieser positive externe Effekt verursacht beim innovierenden Unternehmen eine fehlerhafte Anreizstruktur, die künftige Investitionen in Forschung und Entwicklung unattraktiv macht und daher zu gesamtwirtschaftlichen Wohlstandsverlusten führt (vgl. u.a. Picot/Dietl/Franck 2005, S.48ff.). Demnach helfen Patente durch Privatisierung der Erfindung, das Informationsparadoxon (vgl. Arrow 1962, 1971) zu vermeiden und schaffen eine marktwirtschaftliche Grundlage für den Transfer expliziten Wissens (vgl. z.B. Burr et al. 2007, S.25f.).

Diese organisationstheoretischen Zusammenhänge sind auch für die Praxis von hohem Stellenwert. Nach einer Befragung von 5.147 Unternehmen innerhalb der EU durch die Europäische Kommission messen bis zu 40% innovativer KMUs Patenten zum Schutz des geistigen Eigentums eine herausragende Rolle bei (vgl. Europäische Kommission 2000, S.63). Zudem schätzen über 50% der befragten Unternehmen die wirtschaftliche Gefahr eines Wissensabflusses durch die leichte Transferierbarkeit von explizitem Wissen als einen hemmenden Faktor für FuE-Investitionen ein (vgl. Europäische Kommission 2000, S.75f.; Loisel 2006, S.12). Für die Biotechnologiebranche meldet das Deutsche Patent- und Markenamt (DPMA) zwischen 1995 und 2005 eine Verdopplung der Patentanmeldungen auf rund 559, wovon München mit 9,8% vor Berlin mit 8,5% der Anmeldungen eine Spitzenposition in Deutschland einnimmt (vgl. DPMA 2006, S.15f.). Zu diesem Ergebnis trugen die Patentportfolios fokaler Unternehmen wie MorphoSys AG, GPC Biotech AG oder MediGene AG am Biotech-Standort Martinsried bei (vgl. MorphoSys 2007; GPC Biotech 2007; MediGene 2007).

Mit der Patentierungsstrategie von Produkt- und Prozessinnovationen ist gleichzeitig die Wissensoffenlegung und sozioökonomische Wissensdiffusion gegenüber potentiellen Konkurrenten auf globaler Maßstabsebene verbunden (vgl. Gassmann/Bader

2006, S.173f.).[14] Die Biotechnologieunternehmen müssen daher sorgfältig den Zeitpunkt der Anmeldung, abhängig vom Reifegrad der Innovation und den Umfang der Detailinformationen, wählen (vgl. E15 2007, Z131-Z141, Interview). Der Geschäftsführer des Biotechnologiezulieferers ibidi GmbH, Herr Dr. Kahl (E5 2007, Z246-Z251, Interview), weist auf diese Problematik (n=3) hin:

> „Wir melden im Wesentlichen nur Vorrichtungen an und keine Verfahren. Das heißt wir schützen unsere Betriebsgeheimnisse, wie man gewisse Dinge macht durch interne Geheimhaltung. Das birgt ein gewisses Risiko, wenn es jemand anderes anmeldet. Es gibt zwar Vorbenutzungsrechte, aber es ist nicht einfach diese durchzusetzen. Wir veröffentlichen den Stand der Technik so, dass etwas veröffentlicht ist, aber die Chinesen das Know-how nicht so schnell finden."

Ferner versuchen Unternehmen aus wissensintensiven Branchen, den Innovationskern über den Aufbau von Patentfamilien (vgl. Dickens 2005, S.201ff.) vor Nachahmung zu bewahren (E4 2007, Z300-Z303, Interview):

> „Es werden zusätzlich Patente angemeldet. Wir haben ein Patent, das auch sehr lange läuft, womit wir groß geworden sind und wir wollen das keinesfalls lockern, dass andere mitmachen können. Wir bauen eine Burg, ein Mauerwerk herum, um es zu schützen."

Darüber hinaus existiert eine weitere Form des institutionalisierten Technologie- und Wissenstransfers zwischen Wirtschaft und Wissenschaft über spezialisierte Institute wie die Ascenion GmbH, Max-Planck-Innovation GmbH, Fraunhofer-Gesellschaft e.V. oder universitäre Wissenstransferstellen (vgl. E14 2007, Z618-Z621, Interview). Die Akteure verfolgen das gemeinsame Ziel, durch die Wissensakkumulation, Wissenssicherung und Wissensverwertung (siehe Abb.9) die Überführung von neu generiertem Wissen in die wirtschaftsnahe Anwendung zu unterstützen (vgl. Fischer 2005, S.69f.; Bey 2005, S.53f.; Gassmann/Bader 2006, S.93). Neben der Auftragsforschung und dem Insourcing von Produktions- und Verfahrenswissen stellt die Einlizenzierung von Schutzrechten für die kommerzielle Vermarktung durch Pharmaunternehmen eine verbreitete Strategie des externen Wissenserwerbs dar (vgl. u.a. Auer 2000; Reinhard 2000; Bey 2005, S.54f.; E3 2007, Z391-Z400, Interview; E5 2007, Z207-Z214, Interview). KMUs im Bereich der Roten Biotechnologie versuchen auf diese Weise die kostenintensive Phase III, die zur statistischen Evaluierung der Medikamente am Menschen dient, auszulizenzieren und darüber Einnahmen zur Refinanzierung der Forschung zu generieren (vgl. E15 2007, Z312-Z319, Interview).

[14] Zur Beschreibung dieses Zusammenhangs wird der Begriff „Patentierungsparadoxon" eingeführt.

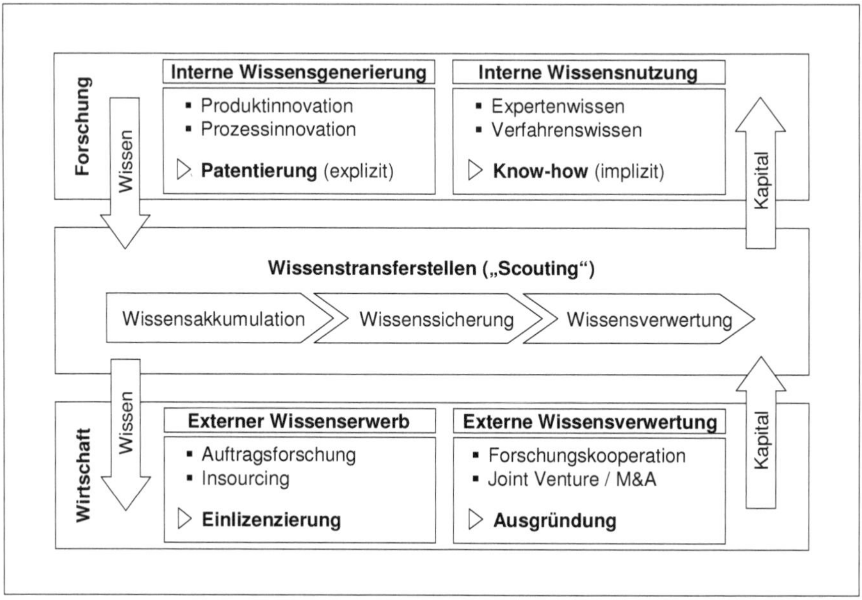

Abb. 9: Institutionalisierter Wissenstransferprozess (Quelle: Eigene Darstellung, in Anlehnung an Gassmann/Bader 2006, S.93).

Als „Best Practice" für den institutionalisierten Wissenstransfer benennen Experten des Bayerischen Wirtschaftsministeriums die Technologie- und Wissenstransferstelle Max-Planck-Innovation GmbH in München (vgl. E14 2007, Z428-Z439, Interview), die für das Wissensmanagement der 78 Institute aus der Grundlagenforschung, darunter die Max-Planck-Institute für Biochemie und Neurobiologie am Biotech-Standort Martinsried, verantwortlich ist (vgl. MPG 2007). Derzeit betreut die Max-Planck-Innovation GmbH über 1.040 Erfindungen, 17 Firmenbeteiligungen und schließt jährlich rund 80 Lizenzverträge mit einem Gesamtumsatzerlös in 2005 von 19,8 Mio. Euro ab (vgl. MPI 2007). Mit Hilfe zukunftsfähiger Verfahren, wie dem regelmäßigen „Scouting" der Forschungsleistungen auf deren wirtschaftliche Verwertbarkeit, wird ein fließender Übergang zwischen der autonomen akademischen Grundlagenforschung und der anwendungsorientierten Entwicklung marktfähiger Leistungen geschaffen (vgl. E12 2007, Z453-Z455, Interview). Aufgrund der gemeinnützigen Ausrichtung der Max-Planck-Gesellschaft steht jedoch die Schaffung von fundamental neuem Wissen im Mittelpunkt aller wirtschaftlichen Aktivitäten (vgl. MPG 2002, S.3f.). Dabei sichern wissenschaftliche Fachbeiräte aus internationalen Experten die effiziente Verwendung öffentlicher Fördergelder, die im Haushalt 2006 in Höhe von 1,38 Mrd. Euro zu 82% vom Bund und den Ländern stammten (vgl. MPI 2007). Den Prozess des Wissenstransfers illustriert ein Experte aus den Max-Planck-Instituten in Martinsried folgendermaßen (E10 2007, Z57-Z66, Interview):

> „Wenn in der MPG ein Wissenschaftler eine Entdeckung macht, wo er annimmt, da könnte irgendetwas kommerzielles, irgendeine Verwertung entstehen, kontaktiert er die Max-Planck-Innovation und die regeln dann alles Weitere für ihn. Die Institute bezahlen für den Service natürlich Geld, aber die Verwertungsstelle kümmert sich um die Anmeldung von Patenten, um Lizenzverträge und um alle gesetzlichen Regelungen. Auch wenn ein Wissenschaftler einmal eine Ausgründung vorhat, dann wird er beraten, wie er beispielsweise am Besten eine Start-up-Finanzierung erhält. Falls dann wirklich einmal Lizenzeinnahmen fließen, ist es in der MPG so, dass 1/3 der Einnahmen an die Zentrale der MPG gehen, 1/3 gehen an das Institut und 1/3 gehen an den Erfinder."

Gemäß der eingangs getroffenen Unterscheidung zwischen dem patentierfähigen und nicht-patentierfähigen Wissen (vgl. Picot/Dietl/Franck 2005, S.319ff.), das implizit an den jeweiligen Wissensträger in Form von Experten- oder Verfahrenswissen gebunden ist (vgl. Sydow/Well 2006, S.158ff.), lassen sich weitere Formen des institutionalisierten Wissenstransfers ableiten. So kann im Rahmen einer Forschungskooperation internes Wissen durch die Entsendung von Mitarbeitern transferiert werden, wobei für eine anreizkompatible Zusammenarbeit der Kooperanden die Verteilung der Intellectual Property Rights bereits im Vorfeld vertraglich geregelt werden muss (vgl. Schäfer 2003, S.59; Kraus 2005, S.59f.). Die Zusammenführung von Know-how aus verschiedenen Kontexten wäre auch bei einem Joint Venture oder externem Wissenserwerb (M&A) vorstellbar (vgl. Desai et al. 2002; Gattai/Molteni 2005; Zademach 2005).

Für den Wissenscluster Martinsried spielen vor allem Ausgründungen (Spin-offs) aus der wissenschaftlichen Forschung (vgl. zudem Hemer 2006) eine besonders wichtige Rolle (vgl. u.a. E14 2007, Z439-Z442, Interview). So entstanden seit 1990 am Biotech-Standort Martinsried durch die Ludwig-Maximilians-Universität München und die Max-Planck-Institute insgesamt 15 Firmen im Life Science-Sektor, welche das Innovationspotential der gesamten Region positiv beeinflussen (vgl. LMU 2007; MPI 2007).[15, 16]

[15] Zu den Ausgründungen der Ludwig-Maximilians-Universität München zählen: T.I.L.L. Photonics GmbH 1990, MediGene AG 1994, ApaNovis GmbH 1999, Crelux GmbH 2000, ibidi Integrated Bio-Diagnostics GmbH 2001, SpheroTec GmbH 2006, NanoTemper Technologies AG 2007 (vgl. LMU 2007).

Die Start-up-Unternehmen profitieren dabei in hohem Maße vom „Inkubatoreffekt" durch die Wissensexternalitäten der angrenzenden Forschungsinstitute, die Agglomeration spezialisierter Inputlieferanten und Dienstleister, die räumliche Nähe zu anderen Biotech-Unternehmen als potentielle Projektpartner oder von der forschungsinfrastrukturellen Ausstattung des IZBs (vgl. u.a. Jacobs 1969; Brixy/Grotz 2007; Günther/ Franz/Jindra 2007). Diese Standortvorteile fasst ebenfalls ein Vertreter des Bayerischen Wirtschaftsministeriums (E14 2007, Z87-Z91, Interview) zusammen:

> „Entscheidend ist die hervorragende Forschungsinfrastruktur in Martinsried. Die Unternehmen haben die gesamten wissenschaftlichen Einrichtungen der LMU, von Max-Planck, Veranstaltungen, Bibliotheken in ´walking distance´. Der Wert solcher Standortfaktoren ist gerade für junge Firmen unverzichtbar und lassen sich mit Geld gar nicht hoch genug ansetzen."

Darüber hinaus unterstützt die Bio^{M} GmbH als Netzwerkkoordinator die Firmengründer mittels Beratungsdienstleistungen sowie der aktiven Förderung des Wissenstransfers zwischen den verschiedenen Clusterakteuren. Das nächste Kapitel analysiert daher diese Institution aus Perspektive der Transaktionskostentheorie.

4.2.2 Wissensintermediation als ein transaktionaler Prozess des Wissenstransfers

Die TKT (siehe Abb.10) konzentriert sich auf die kostentheoretische Analyse einzelner Austauschbeziehungen zwischen spezialisierten Akteuren in einem arbeitsteiligen Wirtschaftssystem, die als Übertragung von Property Rights definiert werden (vgl. u.a. Coase 1937; Williamson 1975; Tietzel 1981, S.207f.; Göbel 2002, S.129f.; Picot/Dietl/ Franck 2005, S.57f.). Dabei entstehen den Tauschpartnern Transaktionskosten durch die Anbahnung, Vereinbarung, Abwicklung, Kontrolle und Anpassung der Transaktion, die es möglichst kostenminimal abzuwickeln gilt (vgl. u.a. Erlei/Jost 2001, S.39ff.; Picot/Reichwald/Wigand 2003, S.49; Erlei/Leschke/Sauerland 2001, S.47f.). Die Höhe der Transaktionskosten resultiert nach Aussage des „Organizational Failure Framework" von Williamson (1975) aus der Informationsverkeilung zwischen den Verhaltensannahmen begrenzte Rationalität und Opportunismus sowie den Umweltfaktoren

[16] Zu den Ausgründungen der Max-Planck-Gesellschaft zählen: MorphoSys AG 1992, Toplab GmbH 1993, GPC Biotech AG 1997, Ingenium Pharmaceuticals AG 1998, proteros biostructures GmbH 1998, U3 Pharma AG 2001, SuppreMol GmbH 2002, KINAXO Biotechnologies GmbH (vgl. MPI 2007).

Spezifität von Investitionen, strategische Bedeutung, Unsicherheit und Transaktionshäufigkeit, die innerhalb einer Transaktionskostenatmosphäre, bestehend aus allen soziokulturellen, rechtlichen und technischen Einflussfaktoren, eingebettet sind (vgl. Williamson 1975, S.40f.; Koch 2005, S.197f.; Picot/Dietl/Franck 2005, S.58f.).

In der wissenschaftlichen Literatur gelten Transaktionskosten als entscheidendes Effizienzkriterium bei der Erklärung und Gestaltung unterschiedlicher institutioneller Arrangements wie die klassischen Organisationsformen Markt, Kooperation und Hierarchie (vgl. Williamson 1991, S.284ff.; Schulte 1996, S.111f.; Woratschek/Roth 2003, S.155; Siebert 2006, S.11f.). Während sich der Marktmechanismus durch eine effektive Koordination über Preise, Angebots- und Nachfrageaggregation sowie Wettbewerbsanreize auszeichnet, sprechen für die Hierarchie die Zusammenführung von tazitem Wissen zur Erzielung von Lerneffekten, Economies of Scale sowie bessere Kontrollmöglichkeiten und Weisungsbefugnisse im Rahmen einer Corporate Governance (vgl. Theisen 2000, S.328f.; Kirsch 2001, S.44f.; Blanchard/Illing 2004, S.507f.; Picot/Dietl/Franck 2005, S.68f.).

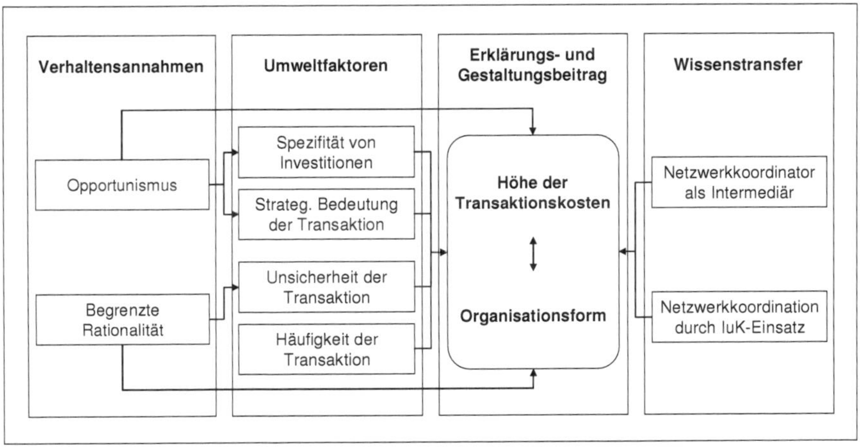

Abb.10: Wissenstransfer und die Transaktionskostentheorie (Quelle: Eigene Darstellung, in Anlehnung an Wohlgemuth 2002, S.52).

Unter Berücksichtigung der Verhaltensannahmen verliert der marktliche Koordinationsmechanismus mit ansteigender Spezifität der Investitionen, Unsicherheit der Umweltbedingungen und strategischen Bedeutung der Leistungsbeziehung aufgrund prohibitiv hoher Transaktionskosten der vertraglichen Vereinbarung gegenüber hybriden Organisationsmöglichkeiten an Relevanz (vgl. Williamson 1991, S.284f.; Koch 2005, S.194f.; Picot/Dietl/Franck 2005, S.70f.; Siebert 2006, S.11f.).

Bezieht man wissensökonomische Überlegungen in die Wahl der transaktionskostenminimalen Organisationsform mit ein, so spielt der Grad an implizitem Wissen bei der Koordination wirtschaftlicher Aktivitäten eine wichtige Rolle (vgl. Polanyi 1985; Thiel 2002, S.20f.; North 2005, S.43f.). Marktliche Transaktionsbeziehungen sind auf einfache Spezifikationen und die Standardisierung der Leistung angewiesen, um die Transaktion mit Hilfe klassischer Verträge möglichst kostengünstig abzuwickeln (vgl. Waldenberger 1998, S.41; Picot/Dietl/Franck 2005, S.16). Ein funktionierender Markt setzt demnach den Austausch von wissensökonomisch reifen Modulen voraus, da anderenfalls die Explizierung des impliziten Wissens für die vertragliche Ausgestaltung mit unverhältnismäßig hohen Wissenstransferkosten verbunden wäre (vgl. Dietl 1995, S.574f.; Mertins/Alwert/Heisig 2005, S.12f.).

Das Konzept der Intermediation beschäftigt sich mit der Vermittlung zwischen Angebot und Nachfrage auf Märkten über unabhängige, ökonomisch handelnde Agenten, deren Aggregations- und Distributionsfunktion zur Senkung von Transaktionskosten und Informationsasymmetrien führen (vgl. Wimmer/Townsend/Chezum 2000, S.407f.; Bhargava/Choudhary 2004, S.22; Hess 2005, S.30). Intermediäre stammen ursprünglich aus dem Güterhandel, wobei sich das Konstrukt durch Skalenvorteile der Warenbündelung sowie einer Verringerung der Moral Hazard-Gefahr aufgrund der erhöhten Monitoringaktivitäten des Handelsmittlers auszeichnet (vgl. Biglaiser/Friedman 1994, S.509f.; Spulber 1996, S.135f.; Schoder/Müller 1999, S.607f.). Im wissenschaftlichen Diskurs findet die Intermediation hauptsächlich in der Handels- und Finanzbranche (vgl. Araujo/Minetti 2007; Pancras/Sudhir 2007), für Versicherungs- und Immobilienmärkte (vgl. Eckardt 2007; Greenbaum 2007) oder im Bereich der Neuen Medien (vgl. Hass 2002, 2003; Küll 2004; Walter 2007) Anwendung. Unter Beachtung der Informationsverarbeitungsfunktion von Handelsagenten auf unvollkommenen Märkten definiert Rose (1999, S.51) als einen Intermediär:

> „An intermediary is an independent, profit-maximizing economic agent mediating between to market sides in presence of market imperfections. Intermediation is the bridging the incompatibilities between the two (market) sides involved in a transaction by transformation of output attributes of the supply market side to appropriate input attributes of the demand market side."

Die transaktionskostensenkende Wirkung der Intermediation (siehe Abb.11) lässt sich anhand des Vergleichs zwischen der Anzahl direkter Kontakte von Angebot und Nachfrage in einer Situation ohne Intermediär, mit den indirekten Kontakten unter Einschaltung eines Handelsagenten modelltheoretisch veranschaulichen (vgl. Baligh/Richartz 1964, S.668ff.; Hess 2005, S.23f.). Annahmegemäß jeder Kontakt verursacht eine Kosteneinheit, so dass die Gesamtkosten des Marktes mit jeweils drei Anbietern und Nachfragern insgesamt A x N gleich neun Geldeinheiten ergibt, würden die Kosten mit Intermediär, falls dieser keine Gebühren der Intermediation verlangt, auf A + N gleich sechs Einheiten sinken (vgl. Baligh/Richartz 1964, S.670f.). Die Differenz resultiert aus der Veränderung der Suchkosten und illustriert die Vorteilhaftigkeit der Intermediation als ein statisches Effizienzmaß, wobei mit zunehmender Anzahl von konkurrierenden Intermediären die Gesamtkosten des Marktes wieder ansteigen (vgl. Baligh/Richartz 1964, S.676f.; Bhargava/Choudhary 2004, S.23f.).

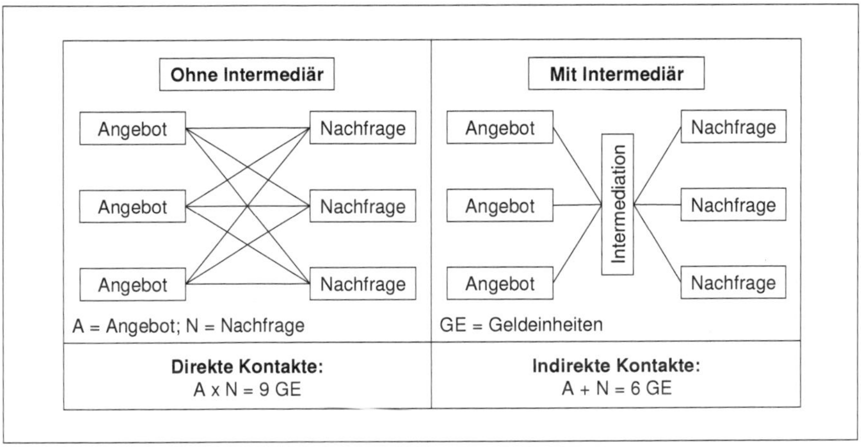

Abb.11: Kontaktkostenersparnis durch Intermediation (Quelle: Eigene Darstellung).

Für die Anwendung der theoretischen Grundlagen auf die Wissensökonomie bedarf es einer Modellerweiterung um netzwerkanalytische Erkenntnisse aus der elektronischen Datenverarbeitung (vgl. Bailey/Bakos 1997; Wirtz 2000, 2001; Jänig 2004; Jahn 2005). Die Realisierung der Interoperabilität heterogener IuK-Systeme und das Benutzermanagement unternehmensübergreifender Informationsflüsse setzt kompatible Systemschnittstellen voraus (vgl. Kuhlen 1999, S.114ff.; Wagner 2004, S.133f.; Jahn 2005, S.149f.). Beteiligen sich beispielsweise n Unternehmen (siehe Abb.12) mit jeweils einer eigenen Datenbasis an einem Kooperationsprojekt, so stehen jedem Kooperationspartner (n - 1) Systeme für den Datenaustausch zur Verfügung (vgl. Jahn

2005, S.150). Während bei einer dezentralen Schnittstellenbildung in einem vollständig vermaschten Netz n (n - 1) gleich dreißig Systemschnittstellen erforderlich sind, ergeben sich unter Einschaltung einer dedizierten Vermittlungsinstanz lediglich 2 (n - 1) gleich zwölf Schnittstellen für den interorganisationalen Informationsaustausch (vgl. Buxmann/Rose/König 1998, S.73; Picot/Reichwald/Wigand 2003, S.565f.; Jahn 2005, S.151f.).

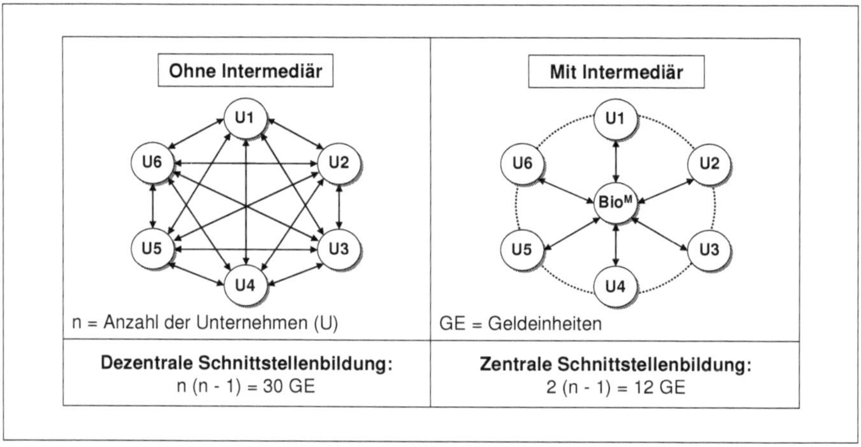

Abb.12: Netzwerkkoordinator als Wissensintermediär (Quelle: Eigene Darstellung).

Die vorgestellten Zusammenhänge können analog auf Wissensintermediäre (vgl. u.a. Faust 2000; Ohlhausen/Schloen/Erich 2003; Reihlen/Veit 2006) wie den Netzwerkkoordinator Bio^M GmbH übertragen werden. Unterstellt man wiederum für jeden Kontakt eine Geldeinheit an Transaktionskosten, die bei der Zusammenführung zweier unterschiedlicher Wissensträger entstehen, so ergeben sich für eine Situation ohne Wissensintermediär Gesamtkosten des Systems in Höhe von dreißig Geldeinheiten, gegenüber nur zwölf Einheiten mit Intermediär.[17] Die Zeitersparnis durch die Vernetzung steht den Wissensträgern für den gezielten Wissenstransfer zur Verfügung. Hieraus lässt sich die folgende These ableiten:

[17] Dabei wird angenommen, dass jeder Wissensträger jeweils eine Suchanfrage an alle Netzteilnehmer im Sinne eines einseitigen Kommunikationsprozesses richtet.

Durch die Einschaltung eines Wissensintermediärs zwischen verschiedenen Wissensträgern im Cluster lassen sich die Transaktionskosten des Wissenstransfers signifikant senken.

Eine Beurteilung dieser Aussage erfordert die kritische Reflexion der vereinfachenden Modellannahmen vor dem Hintergrund der theoretischen und empirischen Ergebnisse der Untersuchung. Die Anmerkungen betreffen vor allem die einseitigen Kommunikationsprozesse, Anzahl der Intermediäre und Kosten der Intermediation. Sowohl die wissenschaftliche Literatur zur Innovationsforschung (vgl. Koschatzky 2001; Grotz/ Schätzl 2001; Hippel 2005; Breschi/Malerba 2007) als auch der Diamant-Ansatz von Porter (1991, 1999a) messen dem Zufall für bestimmte Entwicklungsprozesse eine wichtige Bedeutung bei. Die zielgerichtete Vermittlung der Wissensträger könnte somit Zufallsbegegnungen oder neuen Wissenskombinationen als Folge des erhöhten Informationsaustausches entgegenwirken (vgl. E11 2007, Z20-Z27, Interview). Zudem sinken unter der Annahme reziproker Kommunikationsprozesse bei der zeitgleichen Abstimmung zweier Wissensträger die Kontaktkosten auf fünfzehn Geldeinheiten ((n/2) x (n - 1)) ab. Die Mehrzahl der Experten (n=11) verweist jedoch auf den „information overload“ und die Notwendigkeit nach einer Informationsbündelungsfunktion durch die Bio^{M} GmbH (vgl. Eppler/Mengis 2004; E11 2007, Z563-Z567, Interview).

Im ursprünglichen Modell der Intermediation von Baligh/Richartz (1964) berechnet sich die Anzahl von konkurrierenden Handelsmittlern im Gleichgewicht aus (A x N) / (A + N) (vgl. Baligh/Richartz 1964, S.671ff.). Zusätzliche Intermediäre auf einer Intermediationsstufe erhöhen demnach die Kontaktkosten des Gesamtmarktes und vermindern die Größenvorteile eines spezialisierten Informationsbrokers (vgl. Rose 1999, S.174f.; Küll 2004, S.23f.; Walter 2007, S.71f.). Der verstärkte Trend zur industriellen Anwendung von Mikroorganismen, Enzymen und biotechnologischer Verfahren führt aktuell zum Aufbau des Projektnetzwerkes „Industrielle Prozesse mit Biogenen Building Blocks und Performance Proteinen“ (IBP), das als Clusterkonzept vom BMBF im Rahmen des Förderprogramms „BioIndustrie 2021“ in der ersten Projektphase mit 5 Mio. EUR gefördert wird (vgl. BMBF 2007c, S.4; idw 2007; Patermann 2007, S.100f.). Die Koordination der rund 36 Teilnehmer, bestehend aus Vertretern der Chemieindustrie, von Universitäten, Verbänden oder Finanzorganisationen, übernimmt die Bio^{M} GmbH (vgl. Bio^{M} GmbH 2007b; Ernst&Young 2007, S.45f; E3 2007, Z161-Z170, Interview). Weitere Überlegungen, einen spezialisierten Intermediär beispielsweise in Form einer „Weißen Bio^{M} GmbH“ zu schaffen (vgl. E14 2007, Z271-Z272, Interview), müssten anhand der theoretischen Herleitung neben einer betriebswirtschaftlichen Kostenrechnung auch die inhaltliche Trennschärfe zwischen den Intermediären sowie mögliche Informations- und Wissensredundanzen berücksichtigen.

Die Annahme der kostenlosen Intermediation trifft aus Sicht der Netzwerkteilnehmer für die meisten Dienstleistungen und Wissenstransfermaßnahmen der Bio^{M} GmbH zu (siehe Abb.13). So stehen den Clusterakteuren sowohl das gesamte Expertenwissen bei Finanzierungs- oder Standortfragen zur Verfügung als auch Veranstaltungen und Informationstools als potentielle Wissensquellen[18] (vgl. z.B. Lechner/Dowling 2000, S.323ff.; Bio^{M} GmbH 2007b; E1 2007, Z34-Z39, Interview; E12 2007, Z134-Z146, Interview).

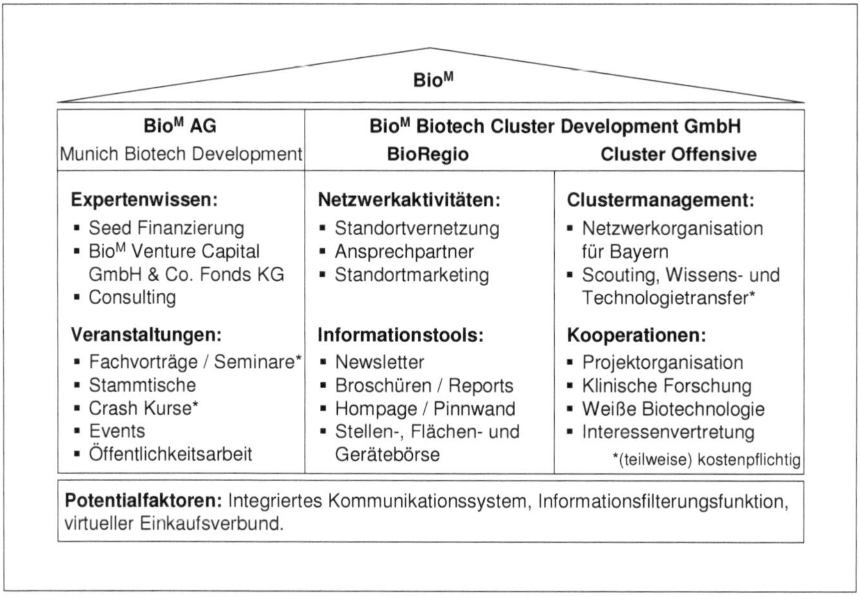

Abb.13: Wissenstransfermaßnahmen durch den Netzwerkkoordinator Bio^{M} (Quelle: Eigene Darstellung, in Anlehnung an Bio^{M} GmbH 2007b).

Die Funktion der Clustergeschäftsstelle für den interorganisationalen Wissenstransfer beschreibt der Leiter des Referats Clusterpolitik im Bayerischen Wirtschaftsministerium, Herr Dr. Wimbauer (E16 2007, Z48-Z52, Interview), mit folgenden Worten:

[18] Für die Teilnahme an Crash-Kursen zur Vermittlung biotechnologischer Grundlagen für Nicht-Wissenschaftler fallen z.B. Gebühren i.H.v. 900 EUR pro Person an (vgl. Bio^{M} GmbH 2007b).

„Die Bio^{M} ist als Clustergeschäftsstelle natürlich die Spinne im Netz und organisiert den Wissenstransferprozess. Der Austausch findet dann natürlich zwischen den Partnern statt, sei es auf Veranstaltungen, Clustertreffen oder wenn Firmen potentielle Kooperationspartner zu sich einladen und längerfristige Arbeitsgruppen zu einem bestimmten Thema bilden."

Diese Betrachtungsweise auf den Netzwerkkoordinator, als einen aktiven Wissensmanager am Biotech-Standort Martinsried, korrespondiert mit dem unternehmensinternen Selbstbild der Mitarbeiter der Bio^{M} GmbH (E2 2007, Z529-Z534, Interview):

„Als Clusterorganisation versuchen wir auch das Wissensmanagement zu übernehmen. Darin sehen wir schon unsere Hauptaufgabe, da bestimmte Wissensbereiche existieren, die anderen Bereichen wiederum nützlich wären. Wir versuchen dann der Kanal zu sein, damit die beiden miteinander kommunizieren. Dafür gibt es natürlich verschiedene Tools, wie unsere Webpage, der Newsletter und kleine bis große Veranstaltungen."

Die Aggregation und Distribution von Schnittstellenwissen über die Leistungsprofile der einzelnen Clusterakteure ermöglicht, beispielsweise Unternehmen auf der Suche nach geeigneten Projektpartnern oder Finanzierungsmöglichkeiten, den zentralen Zugriff auf das akkumulierte Wissen der Bio^{M} und erspart damit Transaktionskosten für die zeitaufwändige Anbahnung des Wissenstransfers bei disparat verteilten Wissensträgern (vgl. E3 2007, Z517-Z527, Interview). Als zukünftige Potentialfaktoren ließen sich anhand der Expertengespräche die Kategorien „integriertes Kommunikationssystem" (n=12), „Informationsfilterungsfunktion" (n=11) und „virtueller Einkaufsverbund" (n=6) identifizieren. Mit dem integrierten Kommunikationssystem (ICS) befindet sich eine Onlineplattform in der Testphase, die über Steuerungselemente wie Chatforen, Personenregister oder Informationsseiten die Explizierung des vorhandenen Grundlagen-, Fakten- und Erfahrungswissens forciert sowie die Zusammenführung von Kompetenzen und Personen im Projektnetzwerk IBP unterstützt (vgl. Kraus 2007; E1 2007, Z38-Z49, Interview). Damit reagiert die Bio^{M} GmbH auf die Forderung nach mehr Transparenz über die Aktivitäten der Unternehmen am Biotech-Standort Martinsried (n=7), die ebenfalls ein Experte (E15 2007, Z271-Z274, Interview) eines fokalen Biotechnologieunternehmens anspricht:

„Was vielleicht Sinn macht ist, dass man mehr publik macht, was in den einzelnen Arbeitsgruppen oder Forschungsstellen passiert oder was dort an Patenten rauskommt. Ich glaube da gibt es zu wenig Transparenz und da könnte die Bio^{M} mehr tun."

Der Einsatz moderner IuK-Systeme im Wissensmanagement ermöglicht die Lockerung der Problematik einer begrenzten Informationsverarbeitungskapazität bei zunehmender Anzahl an Mediendiensten (vgl. u.a. Al-Laham 2003; Wahl 2003; Haun 2008). Neben dem Wunsch nach mehr themenspezifischen Informationen ($n_{Quan.}$=10) wie Finanzen, Trends in der Biotechnologieszene oder über das internationale Patentwesen würde vor allem kleineren Unternehmen mit wenigen personellen und finanziellen Ressourcen eine individualisierte Informationsfilterung nach Marktsegmenten, Unternehmensgruppen oder auf Suchanfrage hin (z.B. Marktanalysen) für die Entlastung des operativen Geschäfts weiterhelfen. Dies illustriert der Geschäftsführer (E11 2007, Z563-Z567, Interview) eines Start-up-Unternehmens für biotechnologische Geräte und Services wie folgt:

> „In unserem Fall, wir arbeiten mit der Technik, die sich RNA interference nennt. Wenn da jemand bei der Bio^M wäre, der wüsste die Firma [Name] arbeitet mit Genfunktionsanalysen, ich habe hier gerade etwas Interessantes über RNAi bekommen, ich schicke das postalisch oder via E-Mail an Herrn [Name] weiter, das wäre natürlich ganz prima."

Zudem könnte die Bio^M GmbH bei der Bündelung knapper Finanzmittel koordinierend fungieren, um gemeinschaftlich genutzte Wissensquellen zu erschließen. Im Sinne des virtuellen Einkaufsverbundes (z.B. lets-buy-it.com) ließen sich über interorganisationale EDV-Schnittstellen sowohl für den regulären Wareneinkauf als auch beim Erwerb von Datenbanklizenzen Kostendegressionseffekte erzielen (vgl. u.a. E15 2007, Z301-Z308, Interview). Der Finanzierungsanteil in Form von Firmenbeiträgen oder staatlichen Subventionen, wie es Herr Prof. Dr. Buckel (E7 2007, Z416-Z419, Interview) vorschlägt, hängt vom Verhandlungsergebnis der beteiligten Akteure ab:

> „Wenn man sagen würde, man gibt denen von der Bio^M ein Budget und die können sich dafür also zumindest in die wesentlichen Datenbanken einkaufen und stellen diese Information dann anderen als kostenlosen Service zur Verfügung, das wäre eine Subvention, die sehr nützlich wäre."

Die Bewertung der Wissenstransfermaßnahmen der Bio^M GmbH durch die befragten Experten (n=11) fällt sehr positiv aus. Für eine bessere Einschätzung der Netzwerkkoordination ermittelt die quantitative Befragung im ersten Schritt die Wichtigkeit der Maßnahmen, bevor zweitens die Zahlungsbereitschaft (vgl. dazu Diller 2000; Sattler/ Nitschke 2003) der Life Science-Unternehmen aus dem Münchner Biotech-Cluster überprüft wird (siehe Abb.14).

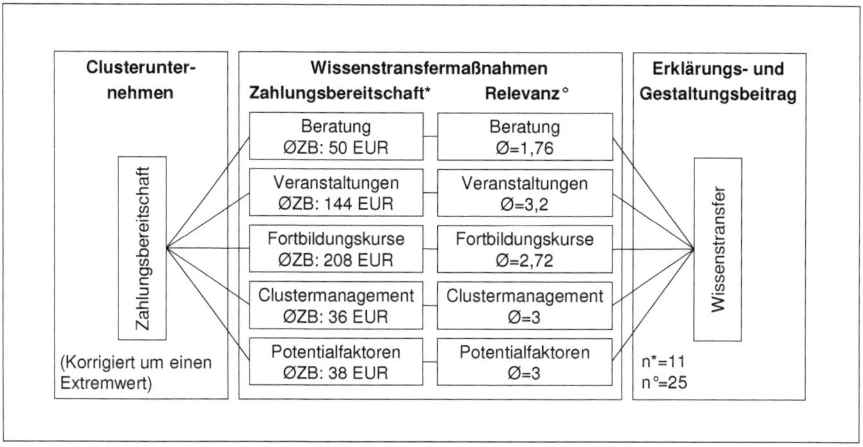

Abb.14: Evaluierung von Wissenstransfermaßnahmen der Bio^{M} (Quelle: Eigene Erhebung).

Die praktische Relevanz dieser Vorgehensweise bestätigt Herr Dr. Wimbauer (E16 2007, Z117-Z132, Interview) im Bezug auf die Verwendung öffentlicher Gelder:

> „Also es ist gedacht, dass das hier eine Anschubfinanzierung ist und dass sich die Cluster dann zunehmend eigene Erträge erwirtschaften, über Veranstaltungen, Vereinsbeiträge, (...). Es wäre für uns ein wichtiger Aspekt, wenn die Unternehmen sagen: Das ist uns eigentlich nichts wert! Dann ist das schon ein Signal, das man ernst nehmen müsste."

Bei der Beurteilung der Beratungsdienstleistungen der Bio^{M} GmbH ergibt sich ein positiver Zusammenhang zwischen der geringen jährlichen Zahlungsbereitschaft (EUR 50) und der niedrigen Relevanzeinschätzung (Mittelwert 1,76). Dies könnte an dem abnehmenden Grenznutzen des Informationsbeitrags für das operative Geschäft etablierter Unternehmen oder der sinkenden Anzahl von Start-ups im Wissenscluster (vgl. Domdey 2007, S.6f.), als die Hauptnachfrager des Expertenwissens, liegen. Als wichtigste Maßnahmen für den Informationsaustausch gelten Veranstaltungen (3,2), wie Events, Stammtische oder Fachvorträge, was sich ebenfalls in einer hohen durchschnittlichen Zahlungsbereitschaft von 144 EUR ausdrückt. Der Bio^{M} GmbH steht es als Quasi-Monopolist am Biotech-Standort offen, Preisdiskriminierung (vgl. u.a. Varian 2001, S.420f.) über die Auswahl an Veranstaltungen für eine bestimmte Personengruppe zu betreiben oder durch die gemeinsame Preisgestaltung mit anderen Instituten zur Reduktion der Organisationskosten beizutragen (vgl. E10 2007, Z626-Z630, Interview).

Bezüglich der Verbesserung des Veranstaltungsangebots äußerten die Experten (n=5) den Wunsch, mehr Freiräume zum Kennenlernen zwischen den Fachthemen einzuplanen sowie über außerbetriebliche Events zu Sport, Kunst und Kultur verstärkt Vertreter fokaler Biotechnologieunternehmen anzusprechen (vgl. E4 2007, Z110-Z118, Interview; E11 2007, Z104-Z117, Interview). Die Befragten begründen die geringe Teilnahmebereitschaft mit fehlenden zeitlichen Ressourcen (n=4) und dem Vorhandensein eigener Netzwerkstrukturen für den Wissenserwerb (E15 2007, Z37-Z42, Interview):

> „Diese Veranstaltungen, wie der Business Development Stammtisch, das ist halt eher so eine Werbeveranstaltung von irgendwelchen Lauffirmen, die dann zwei, drei Leute von ihren Kanzleien vorbeibringen. Es ist schon interessant mal hinzugehen, aber mit der Zeit ein bisschen arg einseitig. Meiner Meinung nach ist das nur für diejenigen wichtig, denen diese Expertise fehlt."

Bei der Befragung zu Fortbildungskursen, z.B. Crash-Kurse für betriebswirtschaftliches oder biotechnologisches Basiswissen, divergiert die Höhe der Zahlungsbereitschaft von 208 EUR mit der Relevanzeinschätzung von 2,72. Dies ist auf die Durchschnittsbildung zwischen Clusterakteuren mit einer sehr hohen jährlichen Zahlungsbereitschaft von bis zu 850 EUR (Extremwert 1.500 EUR) und einer Wichtigkeit von 4 sowie den Akteuren, die aufgrund der erfolgten Teilnahme oder betriebsinterner Fortbildungen (vgl. E9 2007, Z58-Z59, Interview) keine Zahlungsbereitschaft bzw. eine geringe Relevanz angaben, zurückzuführen. Für die Evaluierung der Vernetzungsaktivitäten durch das Clustermanagement und die beschriebenen Potentialfaktoren ist die „Tendenz zur Mitte" der Antwortmuster (vgl. u.a. Bortz/Döring 2006; Kirchhoff et al. 2006) zu beobachten. Entgegen der Disintermediationshypothese (vgl. Wigand/Benjamin 1995; Schoder/Müller 1999) betont Herr Prof. Dr. Domdey (E1 2007, Z356-Z364, Interview) gerade die Innovationskraft des Netzwerkkoordinators aus gesamtwirtschaftlicher Perspektive als einen legitimierenden Faktor für diese Institution des Wissenstransfers:

> „Was wir zum Teil festgestellt haben, ist, dass manche Dinge sich schon von selbst organisieren. Wir brauchen bestimmte Dinge nicht mehr anzubieten, da sie schon öfters stattgefunden und einen Selbstläuferstatus erreicht haben. (...). Also mein Traum wäre, obwohl es die Auflösung der Bio^M bedeutet, dass sich die Dinge selbst organisieren, aber da wird uns immer wieder versichert: Nein, ihr müsst

schon noch da sein, um auch mal wieder ein paar neue Dinge zu erfinden. Und das ist das, was wir auch tun wollen!“

Weitere Aspekte zum Verhältnis zwischen Kapital und Wissen vertieft das nachfolgende Kapitel über die Bedeutung der Wissensatmosphäre für den Wissenstransfer.

4.2.3 Wissensatmosphäre aus Sicht der Principal-Agent-Theorie

Eng verwandt mit der Transaktionskostentheorie untersucht die PAT (siehe Abb.15) spezifische Auftraggeber-Auftragnehmer-Beziehungen, die durch Informationsasymmetrien zwischen den Akteuren und einem diskretionären Verhaltensspielraum für Opportunismus des Agenten gegenüber dem unvollständig informierten Principal charakterisiert sind (vgl. Pratt/Zeckhauser 1985; Picot/Dietl/Franck 2005, S.72ff.). Die Ungleichverteilung des Wissens führt teilweise zu prohibitiv hohen Kosten der Informationsbeschaffung und Überwachung der Vertragsbeziehung (vgl. Göbel 2002, S.99ff.; Salanié 2005, S.5ff.; Erlei/Leschke/Sauerland 2007, S.103f.).

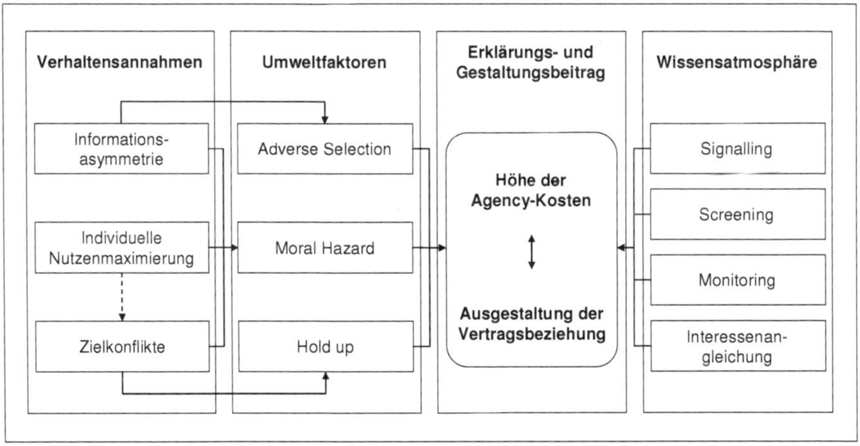

Abb.15: Wissensatmosphäre und die Principal-Agent-Theorie (Quelle: Eigene Darstellung, in Anlehnung an Wolgemuth 2002, S.52).

Als ein Effizienzkriterium gelten dabei Agency-Kosten, die aus den drei Komponenten Überwachungs- und Kontrollkosten des Principals, Signalisierungs- und Garantiekosten des Agenten sowie dem verbleibenden Wohlfahrts- bzw. Residualverlust bestehen (vgl. u.a. Jensen/Meckling 1976; Picot/Reichwald/Wigand 2003, S.56f.). Dieser resultiert aus der Abweichung des Realzustands vom gedachten Ideal vollkommen informierter Wirtschaftsakteure und verhindert trotz der Signalisierungs- und Kontrollbemühungen das Erreichen von produktivitätsmaximierenden Strukturen der Arbeitsteilung (vgl. Picot/Dietl/Franck 2005, S.73f.).

Als Umweltfaktoren unterscheidet die PAT Adverse Selection, Moral Hazard und Hold-up, die aus dem Koordinationsproblem des „Nicht-Wissens" und dem Motivationsproblem des „Nicht-Wollens" entstehen (vgl. u.a. Picot/Neuburger 1995; Picot/Dietl/Franck 2005, S.74f.; Kloyer 2006, S.297f.). Bei Adverse Selection offenbaren sich dem Principal die verborgenen Leistungseigenschaften (hidden characteristics) des Agenten erst nach dem Vertragsabschluss. Da der Principal jedoch von der Marktteilnahme unterdurchschnittlicher Agenten ausgeht, senkt er ex ante seine Zahlungsbereitschaft. Dies führt zu einer systematischen Negativauslese von Vertragspartnern und in letzter Konsequenz zum Marktversagen, da überdurchschnittliche Agenten sukzessive aus dem Markt austreten (vgl. Akerlof 1970; Picot/Reichwald/Wigand 2003, S.57ff.; Burr et al. 2007, S.25f.).

Das zweite Informationsproblem Moral Hazard tritt hingegen erst im Verlauf der Vertragsbeziehung auf. Durch die fehlenden Beobachtungsmöglichkeiten der Handlungen des Agenten (hidden action) oder Wissensdefizite (hidden information) des Principals ergeben sich diskretionäre Verhaltensspielräume, die der Agent opportunistisch ausnutzen kann (vgl. Spremann 1989, 1990; Woratschek/Roth 2003, S.152ff.; Picot/Dietl/Franck 2005, S.75ff.). Die Hold-up-Problematik tritt ein, wenn dem Principal die Absichten des Agenten unbekannt sind (hidden intention) und aufgrund unvollständig verifizierbarer Verträge sowie irreversibler Vorleistungen ein einseitiges Abhängigkeitsverhältnis zum Agenten besteht. Das Risiko der opportunistischen Ausbeute spezifischer Investitionen führt daher in erster Linie zu einem Unterinvestitionsproblem (vgl. Jensen/Meckling 1976, S.308ff.; Göbel 2002, S.100f.; Erlei/Leschke/Sauerland 2007, S.109f.). Hieraus lässt sich die folgende These formulieren:

Eine aktive Gestaltung der Wissensatmosphäre durch Maßnahmen zur Reduktion von Informationsasymmetrien trägt zu einem effizienteren Wissenstransfer zwischen den Clusterakteuren bei.

Für die Analyse des Wissenstransfers im Wissenscluster führt die vorliegende Arbeit in Anlehnung an Konzepte wie z.B. die „industrial atmosphere" (vgl. Marshall 1920), „Transaktionskostenatmosphäre" (vgl. Picot/Dietl/Franck 2005) oder die „kulturgeographische Atmosphäre" (vgl. Katzig 2007) den Begriff der „Wissensatmosphäre" ein, um darunter alle kapitalbedingten, vertrauensrelevanten, politisch-rechtlichen, standortspezifischen sowie technischen Einflussfaktoren zu subsumieren, die den interorganisationalen Wissenstransfer prägen. Nach Experteneinschätzung beeinflussen vor allem die Kapitalausstattung (n=13), das Vertrauen (n=12) und die Standortbedingungen (n=10) den Wissenstransfer am Biotech-Standort Martinsried. Darüber hinaus spielen auch der politische Unwille beim Abbau gesellschaftlicher Ressentiments gegenüber der Grünen Biotechnologie (vgl. E14 2007, Z550-Z551, Interview) durch die Förderung einer breiteren soziokulturellen Wissensbasis oder rechtliche Rahmenbedingungen wie die restriktiven gesetzlichen Vorschriften bei der Stammzellenforschung (vgl. u.a. Die Welt 2007, S.2f.; E3 2007, Z314-Z323, Interview), die einen Abfluss von technischem Know-how aus Deutschland verursachen (vgl. E5 2007, Z151-Z154, Interview), eine bedeutende Rolle. Für die Untersuchung des Wissenstransfers beschränkt sich die Arbeit auf eine kurze Darstellung der Aspekte Standortbedingungen unter dem Gesichtspunkt der Adverse Selection, Vertrauen in Verbindung mit Moral Hazard sowie Kapitalausstattung und die Hold-up-Problematik.

Neben den bereits beschriebenen Charakteristika des Biotech-Standorts Martinsried für den Wissenstransfer wie die hohe Rate an Firmenausgründungen, die räumliche Nähe im Inkubator, die Vernetzungsfunktion der Bio^{M} GmbH oder die internationale Bekanntheit des Wissensclusters wirken sich nach Experteneinschätzung das Pooling an spezialisierten Arbeitskräften (n=7) sowie das Vorhandensein von Erfahrungswissen (n=3) besonders günstig für die Unternehmen aus. Zur Überwindung von Informationsasymmetrien bei Adverse Selection am Beispiel des Arbeitsmarktes (vgl. Hall 2005; Shimer 2005; Trost 2006; Rauh 2007) empfiehlt die wissenschaftliche Literatur als Lösungsstrategien das Signalling des Qualifikationsniveaus potentieller Arbeitnehmer (Agent) über Zeugnisse bzw. das Screening des Arbeitgebers (Principal) mit Hilfe von Einstellungstests sowie das Verfahren der Self Selection unterdurchschnittlicher Stellenbewerber durch eine leistungsabhängige Entlohnung (vgl. u.a. Hall 2005, S.4f.; Picot/Dietl/Franck 2005, S.78ff.; Trost 2006, S.378f.). Während diese Strategien vorrangig bei gepoolten Märkten mit stark abweichenden Qualitätsmerkmalen der Arbeitnehmer zur Anwendung gelangt (vgl. Göbel 2002, S.114ff.; Erlei/Leschke/Sauerland 2007, S.148f.), wird der Wissenscluster durch eine außergewöhnlich hohe Dichte an hochqualifizierten Akademikern bis hin zu Nobelpreisträgern der Universitäten oder Forschungsinstitute geprägt (vgl. MPI 2007; E10 2007, Z431-Z435, Interview).

Die Clusterpolitik konzentriert sich daher neben der Steigerung der Innovationsdynamik und Produktivität des Unternehmenssektors auch auf die Stärkung des Arbeitsmarktes mit Hilfe von Bildungsreformen (vgl. Bologna-Prozess) und neuen Berufsbildern (z.B. der biologisch-technische Assistent) oder der Erhöhung der Standortattraktivität im internationalen Wettbewerb um spezialisierte Wissensträger (vgl. u.a. Bayerisches Staatsministerium für Wirtschaft 2006, S.11f.; E16 2007, Z73-Z75, Interview). Hierunter zählen Maßnahmen wie die Integration ausländischer Mitarbeiter in die Gemeinde, Schaffung von Betriebskindergärten (z.B. Kita BioKids) oder das Flächenmanagement bei der Erschließung von Wohnraum, Einkaufsmöglichkeiten und Infrastrukturprojekten (vgl. Planungsverband 2007; E10 2007, Z359-Z369, Interview). Das Problem knapper Fachkräfte führt zu mehr Konkurrenz zwischen den Organisationen im Wissenscluster und erfordert auf regionaler und supranationaler Ebene gemeinschaftliche Handlungskonzepte (E17 2007, Z278-Z283, Interview):

> „Ein Beispiel ist das 7. EU-Forschungsrahmenprogramm FRP, das jetzt gerade mit 54 Milliarden EUR für 6 Jahre aufgelegt wird. Damit sollen Wissenschaftler gefördert werden, dass sie wieder in den Cluster zurückgehen und frei von den Nöten des Alltags ihre Konzepte realisieren können. Das wird für den brain gain positive Auswirkungen haben oder zumindest mal den brain drain vermindern.“

Unter wissensökonomischen Gesichtspunkten ergeben sich als Vorteile der lokalen Nähe die leichtere Zirkulation von Informationen und der Aufbau von Erfahrungswissen, das in impliziter Form lokal vorhanden ist (vgl. Grabher 2002; Storper/Venables 2004; Bathelt 2004). Die Wissensakkumulation steigert die Qualität der Wirtschaftssubjekte, die beispielsweise in der öffentlichen Verwaltung über ein großes Fachwissen verfügen und den effizienten Informationsaustausch ermöglichen (E17 2007, Z78-Z85, Interview):

> „Natürlich ist es für eine Firma hier einfacher bei den entsprechenden Ämtern, den behördlich zuständigen Stellen, Genehmigungen zu bekommen. Sie haben überall einen Ansprechpartner, da ist man der fünfundzwanzigste Biotechnologe, der dort anruft. Die haben das Wissen zu Gentechnikgesetzen, Sicherheitsvorschriften, Feuerschutzbestimmungen. All das spielt eine große Rolle und ist ein Vorteil vom Cluster. Gehen Sie mal aufs Land nach Hof oder ins Allgäu und fragen dort jemanden zur Problematik der Chemikalienlagerung oder Gentechnikgesetzgebung. Das ist alles hier leichter als in solchen Nicht-Clustern.“

Für eine Reduzierung der Moral Hazard-Gefahr existieren in Vertragsbeziehungen umfangreiche Planungs- und Kontrollsysteme zum Monitoring der beteiligten Wirtschaftsakteure (vgl. Hess 2002, S.145f.; Picot/Dietl/Franck 2005, S.76; Erlei/Leschke/

Sauerland 2007, S.83f.). Demgegenüber bewirkt der Vertrauensaufbau über langfristige Beziehungen, eine gemeinsame Sprachsphäre und die Angleichung divergierender Interessen zwischen Principal und Agenten, den Abbau von Kontrollinstanzen und das Sinken der Transaktionskosten (vgl. Vogt 1997, S.28f.; Pieper 2006, S.72ff.; Fuchs 2006, S.120f.). Aufgrund der Koopkurrenz zwischen den Wirtschaftsakteuren im Cluster (vgl. Walley 2007; Brandenburger/Nalebuff 2008) besteht ein Trade-off bezüglich den positiven Wissensspillovereffekten durch Interaktion und der Wissensabflussgefahr an Konkurrenten (vgl. E3 2007, Z101-Z110, Interview). Dabei erläutert ein Experte (E17 2007, Z45-Z49, Interview) die institutionensubstituierende Wirkung (vgl. Picot/Dietl/Franck 2005, S.20f.) eines vertrauensvollen Verhältnisses:

> „Im Gegenteil, man muss teilweise aufpassen, vor allem als Firma, die auch börsennotiert ist, wenn man mehrere Stunden auf einer Konferenz oder abends bei einem Glas Wein zusammensitzt, dass man nichts erzählt, was besonders kursrelevant ist. Macht man es dann doch, ist es meist die Basis der persönlichen Freundschaft."

Während sich der akademische Wissenstransfer eher über Reputationsmechanismen reguliert (vgl. E17 2007, Z18-Z23, Interview), setzt der Unternehmenssektor bezüglich des Wissensschutzes auf vertragliche Geheimhaltungsvereinbarungen (vgl. Burr et al. 2007, S.259ff.; E15 2007, Z100-Z108, Interview). Für die Akzeptanz institutionalisierter Wissenstransfermaßnahmen sind daher die Professionalität der Akteure, eine vertrauensvolle Atmosphäre und kollektive Sanktionsmechanismen erfolgskritisch (vgl. hierfür Steinheuser 2006, S.81f.; E1 2007, Z431-Z438, Interview).

Die Hold-up-Problematik verursacht aus vertragstheoretischer Sicht eine Situation der Unterinvestition, da bei spezifischen Investments in die Vertragsbeziehung ein höheres Risiko des opportunistischen Verhaltens besteht (vgl. Göbel 2002, S.329ff.; Picot/Dietl/Franck 2005, S.75f.). Aufgrund der Unsicherheit der kommerziellen Verwertbarkeit, langer Entwicklungszeiträume oder der hohen Kapitalintensität biotechnologischer Forschung herrscht ein intensiver Verteilungswettbewerb um knappe Kapitalressourcen (E10 2007, Z485-Z489, Interview):

> „Die Biotechnologiefirmen verdienen momentan kein Geld. Nachdem die privaten Kapitalgeber keine Gelder mehr geben, wollen sie diese vom Staat erhalten. Auch die Grundlagenforschungsinstitute bekommen ihre Gelder vom Staat. Das heißt wir konkurrieren alle um das gleiche Geld. Also momentan ist das Geld eher der trennende Faktor."

Der pharmazeutische Entwicklungsprozess, bestehend aus den Entwicklungsphasen präklinische und klinische Forschung sowie Markteinführung und Monitoringaktivitäten, erstreckt sich auf eine Laufzeit von 10 bis 14 Jahren mit durchschnittlich 800 Mio. US-Dollar (vgl. Gassmann et al. 2004, S.2f.; Chiesa/Chiaroni 2005, S.20; VFA 2007). Die Finanzierungslücke in der Frühphase der Medikamentenentwicklung resultiert aus den zeitlichen und finanziellen Restriktionen der Förderprogramme GO-Bio, BioChance und BioChancePlus vom BMBF oder der Förderinstitute BayernKapital, High-Tech-Gründerfonds und KfW Förderbank sowie den Venture Capital-Gebern, die erst nach einem erfolgreichen Abschluss der klinischen Phase I und dem Signal der Unbedenklichkeit der Substanz für den Menschen in die Finanzierung der Folgephasen eintreten (vgl. E7 2007, Z97-Z110, Interview; E12 2007, Z321-Z326, Interview). Damit ergibt sich ein weites Themenfeld[19], das ebenfalls Auswirkungen auf die Wissensgenerierung und das Wissenstransferverhalten der Clusterakteure vermuten lässt.

Für den Forschungsprozess ist insbesondere die Divergenz zwischen der Grundlagenforschung und der anwendungsorientierten Entwicklung evident (vgl. E10 2007, Z540-Z551, Interview). Der Druck von Kapitalgebern zur schnellen Kommerzialisierung der Forschungsergebnisse schränkt den kreativen Freiraum der Unternehmen bei der Genese fundamental neuen Wissens ein (E17 2007, Z240-Z244, Interview):

> „Die GPC hat das Chemotherapeutikum Satraplatin gehabt, was jetzt nicht so schnell zugelassen wurde, wie geplant. Das hat mit Biotech gar nichts zu tun, das ist ein normales Chemotherapeutikum, was sie einlizenziert haben, damit sie neben der grundlagenorientierten Forschung, die weit vom Markt entfernt ist, etwas haben, womit man in ein paar Jahren gut Geld verdienen kann."

Zur Ermittlung von Tendenzaussagen bezüglich des Einflusses der Kapitalausstattung auf den Wissenstransfer wurde im Rahmen der quantitativen Befragung ein Polaritätenprofil erstellt (siehe Abb.16). Die Operationalisierung der finanziellen Situation des Unternehmens ergibt sich aus den Items „Schwierigkeit der Kapitalbeschaffung" sowie die „Höhe des Verschuldungsgrads" und des „Free Cash Flows" (FCF). Als eine Schlüsselgröße der Zahlungskraft der Firmen dient der FCF (vgl. Perridon/Steiner 2003, S.562f.) für die Separierung der befragten Life Science-Unternehmen mit einer geringen Finanzmittelausstattung (schwarz) und denjenigen mit hohen finanziellen Ressourcen zur freien Investitionsverwendung (grau). Der Mittelwert über alle Befragungsteilnehmer wird weiß dargestellt. Unternehmen, deren finanzielle Situation tendenziell angespannt ist (1 oder 2), neigen eher dazu, Patente auszulizenzieren, um

[19] Die Finanzierungsprobleme von Start-up-Unternehmen in der Biotechnologiebranche thematisieren u.a. Grossmann (2003), Bergeron/Chan (2004), Thalmann (2004) und Patzelt (2005).

durch Lizenzeinnahmen weitere Forschungsbemühungen finanzieren zu können. Dies betrifft vor allem in der Roten Biotechnologie die kostenintensiven Phasen II und III der Wirksamkeitsprüfung von Medikamenten, die größtenteils finanzstarke Pharmakonzerne durchführen (vgl. E15 2007, Z301-Z308, Interview).

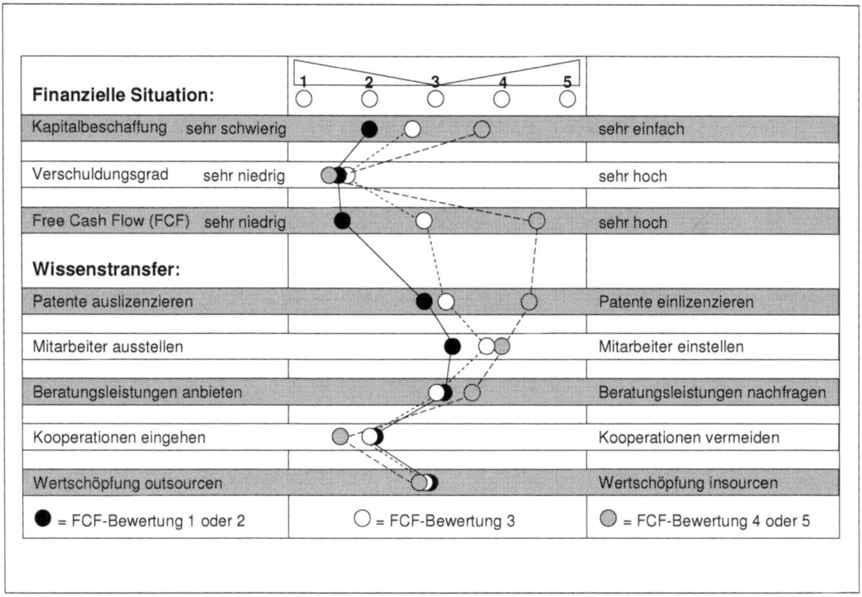

Abb.16: Verhältnis von Kapital und Wissenstransfer (Quelle: Eigene Erhebung).

Zudem weist Herr Prof. Dr. Buckel (E7 2007, Z362-Z366, Interview) auf die spezielle Gefahr des Wissensabflusses früher inländischer Patente hin, deren wirtschaftliches Potential noch nicht feststeht:

> „In Deutschland gehen mehr als 80% der frühen Patente ins Ausland, weil es bei uns einfach nicht schnell genug mit der Finanzierung weitergeht. Das ist ein ganz kritischer Punkt, den die meisten noch gar nicht verstanden haben, dass damit wirtschaftliches Potential aus Deutschland abfließt, das mit viel Geld von den Universitäten, Max-Planck-Instituten oder Helmholtz finanziert worden ist."

Als Humankapital und Wissensträger spielen Mitarbeiter eine entscheidende Rolle für den Aufbau von Wettbewerbsvorteilen in wissensintensiven Industriezweigen (vgl. u.a.

Maurer 2003; Steinle/Schumann 2003; Heneric 2007). Die Abwerbung von Experten durch höhere Gehaltszahlungen führt somit zu einem unmittelbaren Wissenstransfer beispielsweise zwischen der öffentlich finanzierten Grundlagenforschung sowie kommerziell orientierten Unternehmen der Privatwirtschaft im Wissenscluster (vgl. hierzu E10 2007, Z254-Z259, Interview).

Die Beurteilung von Beratungsdienstleistungen weicht in beiden Teilgruppen nur sehr geringfügig voneinander ab. So können Start-up-Unternehmen durch Beraterverträge nach dem Vorbild der Max-Planck-Institute (vgl. MPI 2007) bereits früh erste Umsätze generieren, die ein wichtiges Signal für Finanzinvestoren darstellen (vgl. E5 2007, Z82-Z84, Interview). Darüber hinaus haben finanzstarke Unternehmen die Möglichkeit, spezialisierte Berater für Markt- und Geschäftsanalysen hinzuzuziehen (vgl. E11 2007, Z362-Z367, Interview), während kleinere Unternehmen tendenziell eher auf das kostenfreie Expertenwissen des Netzwerkkoordinators Bio^{M} zurückgreifen (E14 2007, Z162-Z167, Interview):

> „Die Bio^{M} ist als ein ´Business Net´ gewachsen, das sehr viel Know-how vereint. Eine Firma aus Würzburg, wo die Netzwerkorganisation eher wissenschaftsbasiert ist, kann sich genauso an die Bio^{M} wenden und von deren Gründungs- und Wirtschaftswissen profitieren, als ob sie hier in München sitzen würde. Die Bio^{M} berät in der Tat regelmäßig Firmen aus Würzburg und auch aus anderen Teilen Bayerns."

Die Kooperationsbereitschaft ist in der Biotechnologiebranche aufgrund des Zugangs zu neuem Wissen, der Komplexität der Technologien und steigender FuE-Kosten sehr stark ausgeprägt (vgl. Zeller 2001b; Maurer 2003; Meyer/Arnold/Emes 2003). Hieraus resultieren multinationale Netzwerkbeziehungen im akademischen und wirtschaftlichen Bereich (vgl. E10 2007, Z693-Z703, Interview). Die Ressourcenbündelungsfunktion von Netzwerken wird somit unabhängig von der Finanzmittelausstattung umfangreich wahrgenommen. Dabei betont ein Experte eines fokalen Biotechnologieunternehmens (E17 2007, Z167-Z170, Interview):

> „Die kleinen Unternehmen müssen sich sicherlich stark vernetzen, weil das sind meistens unerfahrene Leute, die sich letztendlich die Expertise, die sie nicht mitbringen oder aufgrund der Kleinheit ihrer Firma auch nicht mitbringen können, aus den Netzwerken holen."

Auf die Frage nach dem Wertschöpfungsanteil im Unternehmen lässt sich die „Tendenz zur Mitte" der Antwortmuster erkennen (vgl. Bortz/Döring 2006; Kirchhoff et al. 2006). Dennoch profitieren gerade KMUs von der Ressourcenbündelungsfunktion innerhalb eines Netzwerkverbundes und der Möglichkeit Wertschöpfungsaktivitäten an spezialisierte Anbieter zu vergeben (vgl. u.a. E7 2007, Z244-Z249, Interview). Daher werden im nachfolgenden Abschnitt zwei weitere Themenfelder zur Wissensakkumulation durch Wissenstransfer bei der Erzielung von Wettbewerbsvorteilen und einer Lockerung der Knappheitsproblematik vertieft.

5 Wissensakkumulation durch Wissenstransfer

Der unternehmerische Wissensbedarf deckt sich zu einem großen Anteil aus externen Informations- und Wissensquellen wie dem Internet, Printmedien oder in der Interaktion mit Kooperationspartnern (vgl. North 2005, S.174f.; Probst/Raub/Romhardt 2006, S.29f.). Inwieweit dabei das Kundenwissen für die Wertschöpfung bereits erschlossen wird, klärt das nachfolgende Kapitel am Beispiel biotechnologischer Zulieferer. Im Anschluss daran erörtert die Arbeit das Potential der virtuellen Unternehmung als ein Konzept der Akkumulation von Wissensressourcen.

5.1 Interaktive Wertschöpfung durch Erschließung und Transfer von Kundenwissen am Beispiel biotechnologischer Zulieferer

Die nachfrageorientierte Ausrichtung von Leistungserstellungsprozessen avancierte in den letzten Jahren zu einem Kernthema des modernen Marketings, wobei das strategische Potential des Kundenwissens als ein Wettbewerbsfaktor von vielen Unternehmen noch unausgeschöpft bleibt (vgl. hierzu Meyer 1994; Meyer/Davidson 2001; Homburg/Krohmer 2003; Meffert/Bruhn 2006; Kotler/Keller/Bliemel 2007). In der Marketingliteratur etablierten sich verschiedene Managementkonzepte zur Integration des Kunden in die unternehmerischen Wertschöpfungsaktivitäten wie „Prosumer" als eine Weiterentwicklung der traditionellen Selbstbedienung (vgl. Grün/Brunner 2003), „Lead Users", die zur Eigennutzung neue Produktkonzepte entwickeln (vgl. Hippel 1986; Urban/Hippel 1988) oder „interaktive Wertschöpfung", die auf dem Aufbau einer Kooperations- und Interaktionsbeziehung zwischen Unternehmen und Kunden basiert (vgl. Wikström 1996, S.360f.; Kleinaltenkamp 1997, S.108f.).

Das Modell einer interaktiven Wertschöpfung (siehe Abb.17) kombiniert die einzelnen Konzepte und entwickelt hieraus mehrere Prinzipien bei der Erschließung von Kundenwissen (vgl. Reichwald/Piller 2006, S.44ff.). Die Interaktion gestaltet sich als ein freiwilliger sozialer Problemlösungs- und Austauschprozess (1) bei dem der Kunde in Kontakt mit dem Anbieterunternehmen tritt (vgl. u.a. Backhaus 1999; Reichwald/Piller 2006, S.45f.). Ein ganzheitliches Customer Relationship Management (CRM) bezieht für eine umfassende Kundenwissensbasis sowohl das bereits im Unternehmen vorhandene „Wissen über den Kunden", das in expliziter Form (z.B. Knowledge-Management-Systeme) oder implizit (z.B. Außendienst) vorliegt, als auch das „Wissen des Kunden", seine Einstellungen und Erfahrungen hinsichtlich der Produkte und Leistungen, mit ein (vgl. Stauss 2002, S.276f.; Wimmer/Göb 2006, S.415). Der Zugriff auf lokales Wissen bei der Problemlösung (2) stellt einen zweiseitigen Informationstransferprozess dar, der einerseits vom Unternehmen bei der Entwicklung neuer Produkte durch spezifische Marktstudien und Befragungen initiiert wird oder andererseits aus Kundenanfragen, -wünschen oder -beschwerden resultiert, die eine kontinuierliche Leistungsverbesserung für das Unternehmen ermöglichen (vgl. Meyer/Blümelhuber 1998, S.815f.; Töpfer 2006, S.544f.). In beiden Fällen integriert das Unternehmen den Kunden als Co-Produzenten in die Wertschöpfung (3) und nutzt das Erfahrungswissen der Akteure für ein besseres Verständnis der jeweils anderen Partei im Sinne eines „one face of the customer" bzw. „one face to the customer" (vgl. u.a. Meyer/Davidson 2001, S.255f.; Weisenfeld 2001, S.709f.; Kantsperger 2006, S.293f.).

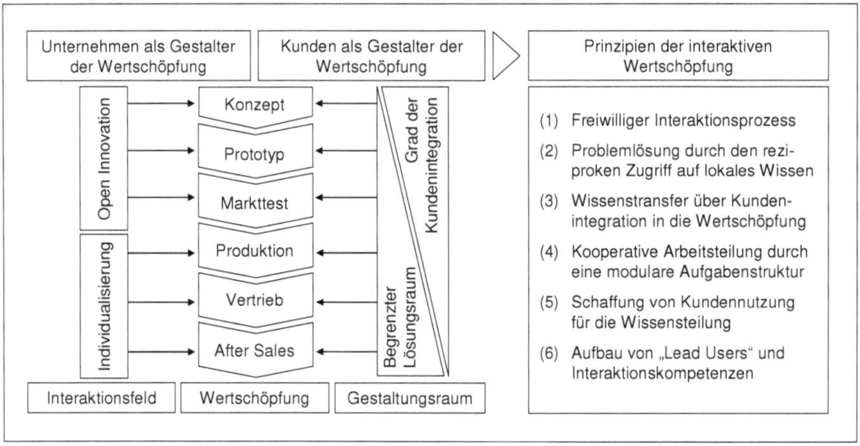

Abb.17: Modell der interaktiven Wertschöpfung (Quelle: Eigene Darstellung, in Anlehnung an Reichwald/Piller 2006, S.44).

Der Grad an Kundenintegration und kooperativer Arbeitsteilung (4) orientiert sich am Bedarf von implizitem Wissen für den Leistungserstellungsprozess („need information"), der technischen Beeinflussbarkeit der Wertschöpfung („solution information") sowie der Höhe der Wissenstransferkosten, die es durch Bildung von Modulen mit wissensökonomischer Reife kostenminimal zu gestalten gilt (vgl. u.a. Dietl 1995, S.574f.;

Reichwald/Piller 2006, S.55ff.). Hierbei schlägt Hippel (1994) im Konzept der „sticky information" die Zerlegung des Wertschöpfungsprozesses in Teilaufgaben vor, die bei einem relativ hohen Anteil von Bedürfnisinformationen direkt auf den Kunden übertragen (z.B. Toolkits für die Softwarenutzung) oder bei besonderer Relevanz als Lösungsinformation für das Unternehmen von sog. „Lead Users" (z.B. private Softwareentwickler) bezogen werden (vgl. Trittmann/Brössler 2001, S.163f.; Hippel/Katz 2002, S.821; Hippel 2005, S.128f.). Gerade „open innovation" wie die Produktion von Open-Source-Software verdeutlicht das ökonomische Entwicklungspotential, das durch die freiwillige Organisation disparat verteilter Wissensträger über moderne IuK-Systeme entsteht (vgl. Chesbrough et al. 2006; Gassmann/Enkel 2006; Reichwald/Piller 2006, S.59f.). Dabei steigert die Wissensteilung und der Wissenstransfer durch eine Individualisierung des Produktangebots (Mass Customization) den Nutzen für den Kunden (5) und unterstützt den langfristigen Aufbau von „Lead User"-Eigenschaften sowie Interaktionskompetenzen (6) in der Kundenbeziehung (vgl. Piller 2006; Reichwald/Piller 2006, S.46; Dietrich 2007, S.5f.). Aus den theoretischen Überlegungen ergibt sich die folgende These:

Die Akkumulation des Kundenwissens ermöglicht die marktgerechte Ausrichtung aller Wertschöpfungsprozesse und erhöht dadurch die Wettbewerbsfähigkeit des Unternehmens.

Im Rahmen der Expertengespräche (n=5) wurde die strikte Nachfrageorientierung der Forschungs- und Entwicklungsaktivitäten als ein erfolgskritischer Faktor ermittelt. Nach Ergebnis der quantitativen Überprüfung (siehe Abb.18) dominieren mit 84% der Nennungen explizite Wissensquellen in Form von Internetseiten (z.B. MedTRACK, BioCentury, PubMed) oder Printmedien (z.B. DZKF, transkript, Reports) gegenüber den Trägern impliziten Wissens (16%) wie Kunden und Kollegen.

Aufgrund der Wissenstransferkosten, die bei der Erschließung von tazitem Kundenwissen durch aufwendige Marktstudien entstehen, nutzen finanzschwächere Start-up-Unternehmen primär ubiquitär verfügbare Informationsquellen, die im Wettbewerb kaum Differenzierungspotential bieten (vgl. Meyer 2001, S.198f.). Auf die Problematik der Zeit- und Kostenintensität betriebswirtschaftlicher Markt- und Konkurrenzanalysen wird ebenfalls im Expertengespräch hingewiesen (E11 2007, Z362-Z365, Interview):

> „Marktanalyse ist ein sehr komplexes Feld und wenn man das gut machen will, kostet das sehr, sehr viel Geld und sehr, sehr viel Zeit und dann ist noch nicht einmal garantiert, ob man die Fragen richtig gestellt hat, ob man die Auswertung richtig gemacht hat (...)."

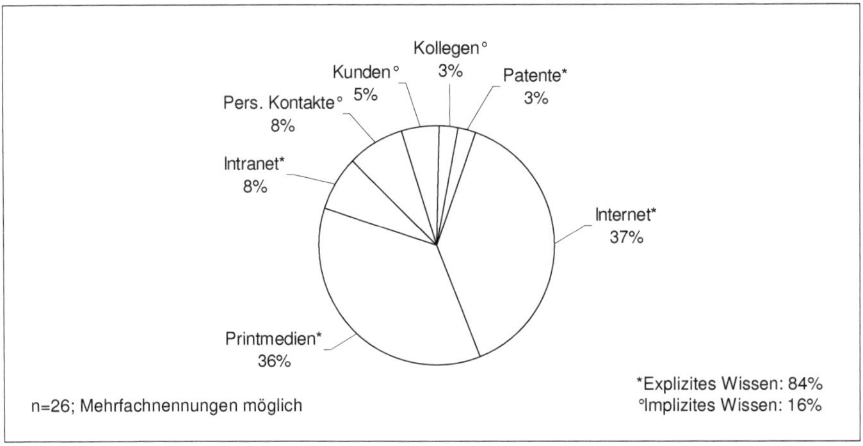

Abb.18: Wichtigste Wissensquellen der Life Science-Unternehmen (Quelle: Eigene Erhebung).

Mit dem Verzicht Kundenwissen bereits in frühen Entwicklungsphasen einzubeziehen, steigt das Risiko, die Marktbedürfnisse anhand allgemeiner Trends im Businessplan falsch zu prognostizieren (vgl. E5 2007, Z200-Z203, Interview). Zudem kann eine subjektive Wahrnehmungsverzerrung auf die eigene Technologie in letzter Konsequenz zur Insolvenz des Unternehmens führen (E15 2007, Z81-Z87, Interview):

> „Es gibt in Deutschland viele Biotech-Firmen, die irgendeine tolle Technologie an der Uni oder irgendwo entwickelt haben und jetzt meinen, dass die Technologie das Beste ist, was es gibt auf dem Planeten. Wir waren am Anfang auch viel zu technikverliebt. Man hört nicht auf den Markt, sondern versucht, für die Technikleute zu verkaufen, ohne jetzt unbedingt die Marktbedürfnisse abzuklären, und das ist sicherlich ein Fehler, den viele vor allem in Deutschland machen."

Am Beispiel biotechnologischer Zulieferer, die spezialisiert in den Segmenten Geräte und Reagenzien, DNA/Protein-Analytik und präklinische Services rund 26% der Life Science-Unternehmen in Martinsried umfassen, lässt sich die Funktionsweise der interaktiven Wertschöpfung am deutlichsten illustrieren. Gegenüber der Mehrzahl von Biotechnologieunternehmen, die über keine eigenständigen Produktionskapazitäten verfügen, müssen sich gerade Zulieferbetriebe an den Kundenbedürfnissen orientieren. Die befragten Experten (n=12) heben vor allem die räumliche Nähe im Wissenscluster als einen Erfolgsfaktor für den Informationsaustausch und die Überprüfung der

Marktfähigkeit von Produkten hervor (vgl. E6 2007, Z30-Z32, Interview). Der Wissenstransfer findet überwiegend an den Schnittstellen zwischen dem Kunden, Außendienst und der technischen Abteilung statt. Im Sinne eines sog. Alignment-Prozesses wird die marktorientierte Sichtweise des Kaufmanns, der im direkten Kontakt zum Kunden steht, sowie die ressourcenorientierte Perspektive des Technikers auf den begrenzten Problemlösungsraum (vgl. Bamberger/Wrona 1996; Kaplan/Norton 2006) durch gezielte Schulungen (z.B. Crash-Kurse) und regelmäßig stattfindende Entwicklungstreffen sukzessive angenähert (E5 2007, Z164-Z275, Interview):

> „Wir holen uns unseren meisten Input vom Kunden und deswegen ist es auch so, dass bei uns die Entwicklungs- und Vertriebsabteilung direkt nebeneinander sitzen, damit man wirklich immer spürt, was der Markt will und das dann als eine junge Firma schnell umsetzt. (...). Man braucht Vertriebler, die den technischen Sachverstand haben, um zu erkennen, wenn ein Kunde in seiner Klage die Idee für ein vollkommen neues Produkt implizit aufwirft und diese Informationen dann auch an die Entwickler, die ihre Räumlichkeiten teilweise nicht gerne verlassen wollen, zu transportieren."

Eine weitere Möglichkeit, den Kunden als Co-Produzenten (vgl. Meyer 2001) zu nutzen, besteht im Rahmen von Kooperationsbeziehungen. Der Einbezug von Bedarfsinformationen bei der Produktentstehung durch die Auslagerung geeigneter Wertschöpfungsaktivitäten auf den Kunden schafft eine Win-Win-Situation für beide Kooperanden (vgl. Reichwald/Piller 2006). Während der potentielle Nachfrager Freiraum zur individuellen Produktgestaltung erhält, profitiert der Hersteller vom Kosteneinsparpotential der Wissensteilung und der speziellen Expertise oftmals fokaler Abnehmerunternehmen (E11 2007, Z385-Z389, Interview):

> „Eine größere Kooperation wäre jetzt zum Beispiel, dass die Firma GPC, ohne schriftlichen Kooperationsvertrag, nur mündlich verabredet, unsere Produkte mit ihren sehr viel besseren und innovativeren Methoden, die natürlich auch deutlich mehr Geld kosten, mithelfen zu validieren, weil sie eben selber an dem Produkt interessiert sind."

Aufgrund der Ressourcenknappheit der Start-up-Unternehmen stehen kaum finanzielle Mittel für Markt-, Konkurrenz- und Potentialanalysen zur Verfügung. Neben der Strategie, das Produkt über Feedbacksysteme und ein kontinuierliches Qualitätsmanagement direkt mit den ersten Kunden zu entwickeln, wird in der unternehmerischen Praxis vereinzelt auf studentische Initiativen zurückgegriffen, die eine kostengünstige Alternative zu etablierten Marktforschungsinstituten darstellen (E11 2007, Z331-Z337, Interview):

„Ich weiß, dass sich eine Start-up-Firma in unserem Umfeld den Businessplan von Studenten überarbeiten ließ. Da ist auch sehr viel Marktrecherche gemacht worden. Die Studenten machten das als Semesterarbeit, setzten sich ans Telefon und telefonierten die Firmen und Ärzte durch. Die Firma SpheroTec, auch ein Start-up, da lief das über das ODEON Center und ich muss zugeben, das haben wir ein bisschen verschlafen."

Die Nachteile des Wissensabflusses schätzen die Experten (n=3) von Zulieferbetrieben als gering ein, da die meisten Abnehmer über stark divergierende Geschäftsmodelle verfügen oder die Vorteile der gezielten Informationsweitergabe bei der Eruierung der Marktakzeptanz überwiegen (vgl. E5 2007, Z235-Z241, Interview). Dennoch sind Preis- und Qualitätsargumente als Wettbewerbsfaktoren auf globalisierten Märkten entscheidend für die Konkurrenzfähigkeit der Life Science-Unternehmen im Wissenscluster (E17 2007, Z333-Z345, Interview):

„Es gab eine Zeit lang eine Unterversorgung mit Contract Research-Organisationen, die Tierversuche machen und es wurde daher 1999/2000 eine Initiative gestartet, motiviert durch die große Nachfrage, eine Firma zu gründen. (...). Als dann sozusagen die ganzen frommen Wünsche Realität werden sollten, wurden konkret nur wenige Aufträge erteilt, weil dann natürlich doch die entsprechenden Projektleiter deutschlandweit geschaut haben, wo ist der beste Partner mit der meisten Expertise als Tierexperimentator. Denen war völlig egal, ob diese Firma in der Nähe dieses Clusters oder im Cluster sitzt."

Das nachfolgende Kapitel greift die Problematik der Ressourcenknappheit auf und diskutiert das Potential von virtuellen Unternehmen als eine Lösungsstrategie.

5.2 Wissensgenese durch Wissenstransfer in virtuellen Unternehmensnetzwerken am Biotechnologiestandort Martinsried

Das Konzept der virtuellen Unternehmung geht auf die Arbeiten von Davidow/Malone (1992, 1993) zurück und beschreibt inhaltlich einen visionären Unternehmenstypus, der außenstehenden Betrachtern den Eindruck eines fast konturlosen Gebildes mit ständig wechselnden und durchlässigen Trennlinien zwischen den sich dynamisch wandelnden internen Unternehmensstrukturen sowie externen Kooperations-, Liefer- und Kundenbeziehungen vermittelt (vgl. Davidow/Malone 1993, S.15ff.). Der Einsatz moderner IuK-Technologien fungiert dabei als zentraler „Enabler" für die Koordination und Steuerung des Beziehungsgeflechts und ermöglicht die Virtualisierung der Wertschöpfung durch die Verteilung von Prozessstufen bei der Leistungserstellung auf mehrere Unternehmen mit komplementären Kernkompetenzen (vgl. Reichwald/Möslein 1997, S.4f.; Alt/Legner/Österle 2005, S.8f.; Salazar/Sawyer 2007, S.3ff.). Der Begriff der Virtualität bezeichnet die Existenz eines Objektes, das nur der funktionalen Wirkung nach vorhanden ist (vgl. Kemmner/Gillessen 2000, S.11ff.; Picot/Reichwald/Wigand 2003, S.164). Als konstituierende Charakteristika systematisiert Scholz (1994, 1997) das Fehlen von physischen Attributen, die Notwendigkeit von Zusatzspezifikationen für die Realisierung der Virtualität oder Nutzeneffekte, die sich aus dem Wegfall der physischen Präsenz des realen Objektes ergeben (vgl. Jurk 2003; Zoche/Joisten 2004, S.5ff.). Im wissensökonomischen Kontext eignet sich die Definition der virtuellen Unternehmung nach Wirtz (1995, S.16), der explizit den Wissenstransfer zwischen den Wirtschaftsakteuren berücksichtigt:

> „Eine virtuelle Organisation kann als ein temporäres Netzwerk von unabhängigen Firmen (Zulieferern, Koproduzenten, Distributoren, aber auch Kunden oder Konkurrenten) verstanden werden, das über moderne Informations- und Kommunikationstechnologien verknüpft ist, um Wissen (Know-how) zu transferieren, Fähigkeiten zu ergänzen und Kosten zu teilen, um hierüber neue Produkte und Märkte zu erschließen."

Die wissenschaftliche Literatur unterscheidet grundlegend zwischen drei Formen von virtuellen Unternehmen (siehe Abb.19) sowie zwei Sichtweisen darauf (vgl. u.a. Klein 1994; Mertens/Griese/Ehrenberg 1998; Schuh/Eisen/Friedli 1998; Hess 2002; Tjaden 2003; Zoche/Joisten 2004; Alt/Legner/Österle 2005). Basierend auf einem institutionalisierten Kooperationsnetzwerk steht ein Pool an Partnerunternehmen zur Verfügung, die sich unbürokratisch zur gemeinsamen Aufgabenerfüllung als eine virtuelle Unternehmung formieren (Form I). Stehen nicht alle benötigten Kernkompetenzen für das Projekt zur Verfügung, können zusätzlich externe Partner beteiligt werden (Form II). Zudem lässt sich der theoretische Fall konstruieren (Form III), wonach sich rechtlich selbständige Unternehmen außerhalb des Kooperationsnetzwerkes ganz spontan zusammenschließen (vgl. Schuh et al. 1998, S.30f.; Tjaden 2003, S.26f.; Zoche/Joisten 2004, S.9f.).

Die funktionale Sichtweise auf virtuelle Organisationen im weiteren Sinne begreift die Virtualisierung als einen räumlich und zeitlich entkoppelten arbeitsteiligen Prozess, der sich auf mehrere wirtschaftliche Einheiten erstreckt und im Rahmen eines Konzernverbundes oder als ein vertikal integriertes Unternehmen koordinierbar ist (vgl. Mertens et al. 1998, S.3f.; Venkatraman/Henderson 1998, S.34; Theisen 2000, S.12).

Dabei differenzieren Alt/Legner/Österle (2005) zwischen den drei Dimensionen der Virtualität Marktinteraktion, die sich auf den IT-Einsatz zur Individualisierung des Angebots und Kundenintegration in den Leistungserstellungsprozess bezieht, Leistungskonfiguration zur Einbindung externer Ressourcen durch „Global Sourcing" sowie Kompetenzbildung für die flexible Zusammenführung dezentral verteilten Expertenwissens (vgl. u.a. Hess 2002, S.10; Alt/Legner/Österle 2005, S.9f.; Probst/Raub/Romhardt 2006, S.143f.).

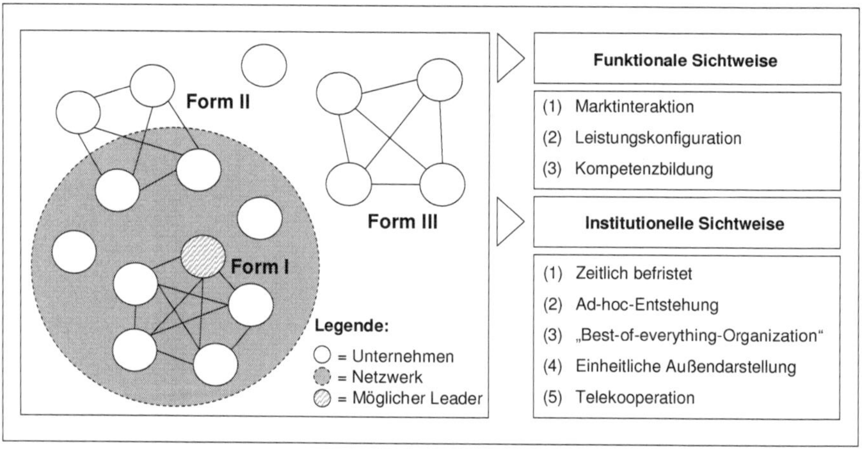

Abb.19: Formen und Merkmale virtueller Unternehmen (Quelle: Eigene Darstellung, in Anlehnung an Mertens/Griese/Ehrenberg 1998, S.11; Tjaden 2003, S.26f.; Zoche/Joisten 2004, S.9; Alt/Legner/Österle 2005, S.8f.).

Demgegenüber beschreibt die institutionelle Sichtweise unter virtuellen Organisationen im engeren Sinne Unternehmensnetzwerke, die durch eine instabile Konfiguration und polyzentrische Steuerungsform gekennzeichnet sind (vgl. Hess 2002, S.15f.). Als spezielle Merkmale gelten die zeitlich befristete Kooperation rechtlich selbständiger Unternehmen, die Ad-hoc-Entstehung zur Problemlösung, die Fokussierung der Netzwerkpartner auf die jeweiligen Kernkompetenzen („Best-of-everything-Organization"), das einheitliche Auftreten nach außen bei weitgehendem Verzicht zentraler Managementfunktionen sowie der Einsatz von Informations- und Kommunikationstechnologien zur Koordination und Steuerung der Kooperation (vgl. Davidow/Malone 1993; Arnold et al. 1995, S.10; Gerpott/Böhm 2000, S.15f.; Kemmner/Gillessen 2000, S.12f.; Ringle 2004, S.19f.; Kasper-Fuehrer/Ashkanasy 2004, S.41ff.; Schwinger/Wäscher 2006, S.391f.). Hierbei lassen sich die folgenden Vorteile dieser Organisationsform ableiten:

- Die zeitliche Befristung der Projektkooperation und problemorientierte Neukonfiguration des Netzwerkes erzeugen hohe Flexibilität, um auf veränderte Umweltbedingungen schnell zu reagieren (vgl. Albers/Wolf 2003, S.12f.).
- Die Konzentration der Partnerunternehmen auf Kernkompetenzen ermöglicht die Generierung von Economies of Scale and Scope (vgl. Arnold et al. 1995, S.9f.; Wüthrich/Philipp 1998, S.255f.; Scheve/Strina/Elfert 2003, S.7f.).
- Durch die Zusammenführung von komplementären Ressourcen (z.B. Knowhow, Kapital etc.) erfolgt eine zusätzliche Kosten- und Risikoteilung (vgl. u.a. Kemmerer/Gillessen 2000, S.12f.; Gora/Scheid 2001, S.13f.).
- Die gemeinsame Darstellung gegenüber potentiellen Kunden erhöht das zur Verfügung stehende Leistungsspektrum, um ganzheitliche Marktlösungen anzubieten (vgl. z.B. Bullinger et al. 1995, S.376ff.; Goldman et al. 1996, S.181f.; Albers/Wolf 2003, S.13f.).
- Der Verzicht auf eine zentrale Verwaltungsinstitution hilft Overhead-Kosten zu senken und fördert gleichzeitig die Kooperationskompetenz der beteiligten Netzwerkakteure (vgl. Müller 1997, S.31f.; Putnik/Cunha 2005, S.3f.).

Demgegenüber zeigen sich Problemfelder insbesondere bei der Koordination und Motivation der Partnerunternehmen (vgl. Vogt 1997, S.204; Albers/Wolf 2003, S.13f.) sowie bei der technischen Realisierung der Kompatibilität und Interoperabilität unterschiedlicher IuK-Systeme (vgl. Wagner 2004, S.114f.; Jahn 2005, S.149ff.). Anhand der theoretischen Grundlagen resultiert folgende These:

> Die Akkumulation von Wissensressourcen im Rahmen der virtuellen Unternehmung unterstützt vor allem Start-ups bei der Bewältigung von Knappheitsproblemen und steigert die Wettbewerbsfähigkeit des gesamten Unternehmensnetzwerkes.

Das Konzept der virtuellen Unternehmung wird von den befragten Experten nicht unumstritten gesehen. Während Vertreter kleiner Unternehmen das Potential der Bündelung knapper Kapital- und Wissensressourcen hervorheben (n=7), verweisen u.a. fokale Biotechnologieunternehmen auf die Schwierigkeiten, die sich bei der Koordination von teilweise konkurrierenden Organisationen ergeben (n=5). Generell erkennt

Herr Prof. Dr. Domdey (E1 2007, Z530-Z533, Interview), dass eine Realisierung des Konzeptes in seiner Reinform bislang nicht vorgenommen wurde:

> „Ich kann natürlich die gesamte Wertschöpfungskette als eine Art virtuelles Unternehmen aufbauen, wo alle Stufen dann von verschiedenen Partnern abgemacht werden. Wäre prinzipiell möglich, gibt es aber meiner Ansicht nach noch nicht."

Erste Versuche zur Umsetzung gab es bereits Ende der 1990er Jahre im Bereich der Roten Biotechnologie am Standort Martinsried. Im Vordergrund stand dabei der Flexibilitätsgedanke (vgl. Albers/Wolf 2003, S.12f.) durch eine arbeitsteilige Partnerstruktur schnell auf veränderte Umweltbedingungen reagieren zu können und gleichzeitig vom spezialisierten Know-how der Wissensträger zu profitieren (vgl. Knyphausen-Aufseß/ Schweizer 2003, S.1120ff.). Als problematisch erwies sich jedoch die Vertragsgestaltung zwischen konkurrierenden Unternehmen, bei der eine genaue Zuordnung der intellektuellen Eigentums- und Verwertungsrechte (vgl. Gassmann/Bader 2006; Burr et al. 2007) aufgrund der Freien-Guts-Eigenschaft der Ressource Wissen nur unzureichend realisierbar ist (E15 2007, Z241-Z248, Interview):

> „Theoretisch wäre die virtuelle Unternehmung auf dem Papier machbar, aber in der Praxis gestaltet sich das als schwierig. Wir haben das 2000 versucht, wo wir uns im Chemiebereich mit der Evotec, bei Antikörper mit der MorphoSys zusammengetan haben. Es gibt dabei verschiedene Dinge, wenn man das gut machen könnte, wäre man deutlich schneller als ´Big Pharma´. Aber führen Sie mal mehrere Unternehmen zusammen, die alle ihre eigene Dynamik und verschiedene Probleme haben. Also einen Vertrag zwischen zwei Unternehmen auszuarbeiten ist schwierig genug. Machen Sie das einmal für drei oder vier Parteien, das ist fast unmöglich."

Demgegenüber stehen die Vorteile der Ressourcenbündelung (vgl. z.B. Gora/Scheid 2001, S.13f.), die Fachkompetenzen und finanzielle Mittel der beteiligten Partnerunternehmen umschließen. Im Sinne der Konzernfinanzwirtschaft (vgl. Theisen 2000, S.439f.) besteht die Möglichkeit, über eine gemischte Finanzierungsgesellschaft das Cash-Management der Portfoliounternehmen zu betreiben und bei der Außenfinanzierung entweder als Verbund oder rechtlich selbständiges Unternehmen aufzutreten, womit eine Vervielfachung des Kapitalvolumens (Pyramideneffekt) erzielt werden kann (vgl. dazu Theisen 2000, S.459f.). Das Finanzierungsrisiko ließe sich sowohl mit Hilfe der Diversifikation des Portfolios (vgl. Wöhe 2002, S.650f.) als auch über eine staatliche „Exit-Strategie", die Zuzahlungen von einem Drittel zum privaten Fondsvermögen vorsieht (vgl. u.a. E12 2007, Z333-Z343, Interview), reduzieren. Zudem fördert die gemeinschaftliche Projektkoordination eine möglichst optimale Auslastung der beteiligten Unternehmen, wie Herr Prof. Dr. Buckel (E7 2007, Z254-Z260, Interview) skizziert:

> „Das ist eine Sache, die zur Zeit sehr stark von VC-Gebern diskutiert wird. Wir lizenzieren sozusagen Projekte ein und bringen sie in das Netzwerk von Vertragspartnern oder holen von anderen Firmen Produkte mit rein, bis dann alle Vertragspartner ausgelastet sind. Über die Serviceleistungen können wir uns finanzieren und dann die präferierten Partner aussuchen. Wenn ich schließlich andere Kompetenzen brauche, hole ich mir neue Partner ins Netzwerk, was mich auch flexibler als eine Pharmafirma macht, wo alle Technologien relativ fix stehen."

Grundlegend für die Realisierung der virtuellen Unternehmung ist die Kooperationsbereitschaft der potentiellen Partnerunternehmen. Die wissenschaftliche Literatur erkennt anhand der beschriebenen Knappheitsrelationen ein sehr starkes Bedürfnis zur Vernetzung (vgl. Zeller 2001b; Maurer 2003; Zülch/Barrantes/Steinheuser 2006). Im Rahmen der quantitativen Befragung wurde ebenfalls die Wichtigkeit von Netzwerkbeziehungen für den Biotech-Standort Martinsried (siehe Abb.20) ermittelt.

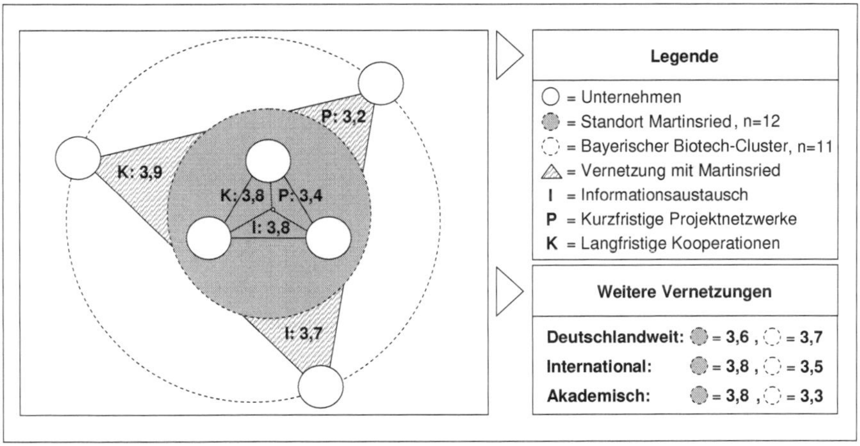

Abb.20: Beurteilung der Wichtigkeit der Standortvernetzung (Quelle: Eigene Erhebung).

Hierfür beurteilten die Befragten, die nach ihrer Zugehörigkeit zum Wissenscluster oder bayerischen Biotech-Cluster gruppiert wurden, auf einer 5-stufigen Likert-Skala, mit den Ausprägungen unwichtig (1) bis sehr wichtig (5), die Relevanz des Informationsaustausches, kurzfristiger Projektnetzwerke und langfristiger Kooperationen mit

Unternehmen am Standort Martinsried sowie die Wichtigkeit des Informationsaustausches in nationalen, internationalen und akademischen Netzwerken. Die Darstellung zeigt die überaus starke Bedeutung langfristiger Kooperationen sowohl von Life Science-Unternehmen aus Bayern mit den Akteuren im Wissenscluster (3,9) als auch zwischen den Firmen am Standort Martinsried (3,8). Die Relevanz von kurzfristigen Projektnetzwerken ist dahingegen im Wissenscluster, begünstigt durch die räumliche Nähe, tendenziell leicht höher (3,4 zu 3,2). Der Informationsaustausch spielt für alle Unternehmen eine wichtige Rolle, wobei moderne IuK-Technologien gerade den Transfer von explizitem Wissen (vgl. Alt/Legner/Österle 2005; Salazar/Sawyer 2007) unabhängig von der jeweiligen Maßstabsebene fördern (vgl. E3 2007, Z245-Z265, Interview). Darüber hinaus vereint der Standort Martinsried als ein Wissensknoten (vgl. Kujath 2005) eine Vielzahl an potentiellen Informations- und Wissensquellen, wie Forschungsinstitute, Zulieferer oder das Expertenwissen der Bio^{M} GmbH, deren Nutzung für die Unternehmen aus dem bayerischen Biotech-Cluster im vorliegenden Fall bedeutsamer erscheint (3,7) als internationale (3,5) und akademische (3,3) Netzwerkbeziehungen.

Neben der Kooperationsbereitschaft bestimmt die Wahl der richtigen Partner über den langfristigen Erfolg des virtuellen Unternehmens (vgl. Kaluza/Blecker 2000, S.11; Tjaden 2003, S.104f.; Kortzfleisch 2005, S.8f.). Die wissenschaftliche Literatur systematisiert eine Vielzahl an Erfolgsfaktoren, die sich in Anlehnung an Barrantes/Wuthcke (2006) zu einem „face-to-face-Fit“, „interkulturellen Fit“ sowie „taktisch-strategischen Fit“ verdichten lassen.[20] Während der face-to-face-Fit Attribute wie Vertrauen, gegenseitige Sympathie oder Ähnlichkeit der Einstellungen für eine reibungslose Kommunikation umfasst, beschreibt der interkulturelle Fit den Abgleich der Unternehmenskulturen, die nach den Dimensionen Internationalität, Mitarbeiter-, Kunden-, Umwelt-, Technologie- oder Innovationsorientierung unterschiedlich ausgeprägt sind (vgl. Barrantes/Wuthcke 2006, S.8ff.). Der taktisch-strategische Fit beinhaltet die Faktoren räumliche Nähe, Ressourcenbeitrag oder Kompatibilität der Partnerunternehmen, um weitgehend kongruente Zielvereinbarungen abzustimmen und ein Kräftegleichgewicht herzustellen (vgl. hierzu Tjaden 2003, S.93f.; Ringle 2004, S.59f.; Barrantes/Wuthcke 2006, S.9f.).

Die effektive Zusammenarbeit setzt genaue Kenntnisse über die Kompetenzverteilung, Schnittstellen und existierende Restriktionen zwischen den Kooperanden voraus (vgl. Jahn 2005, S.78f.). Der dafür benötigte Informations- und Wissenstransfer

[20] Für eine detaillierte Darstellung weiterer Erfolgsfaktoren siehe u.a. Albers/Wolf (2003), Ringle (2004) oder Zülch/Barrantes/Steinheuser (2006).

erfordert den Abschluss von Geheimhaltungsvereinbarungen (Letter of Intent), die Regelungen über die Form, Ziele, Vorleistungen, Schutz- und Treuepflichten oder die Exklusivität für bestimmte Wissensinhalte einschließen (vgl. Wengenroth 2006, S.23). Nach erfolgreichem Abschluss der Identifikations- und Anbahnungsphase folgt die operative Gestaltung der virtuellen Unternehmung durch die Konfiguration der zumeist räumlich und zeitlich verteilten Wissensträger (vgl. z.B. Kortzfleisch/Szyperski/Thomé 2005, S.71ff.). Die Akkumulation von Expertise erhöht die Wissensbasis im Netzwerk, die zur interdisziplinären Lösung hochkomplexer Problemstellungen benötigt wird (vgl. Leineweber/Schätzl 2003, S.267f.; Sternberg 2003, S.222f.; Solf 2004, S.257f.).

Die Arbeit identifizierte den Netzwerkkoordinator, moderne IuK-Systeme und die Wissensatmosphäre als relevante Bestandteile für einen effizienten Wissenstransfer. Die transaktionskostensparende Wirkung des Wissensintermediärs kommt ebenfalls bei der auftragsübergreifenden Steuerung und Kontrolle durch einen „Leader" bzw. ein fokales Unternehmen zum Tragen (vgl. u.a. Mertens/Griese/Ehrenberg 1998, S.11ff.; Hess 2002, S.146f.; Tjaden 2003, S.26ff.; Alt/Legner/Österle 2005). Die Auftragsvergabe und Konfiguration der Projektpartner erfolgt anhand von Auktionen, welche Qualitäts- und Kostenaspekte der Inputfaktoren berücksichtigen (vgl. z.B. Hess 2002, S.165ff.). Darüber hinaus ergeben sich für thematisch verwandte Unternehmen aus dem Partnerpool Chancen, mit Hilfe gebündelter Marketingmaßnahmen Kostendegressionseffekte zu erzielen (E11 2007, Z606-Z612, Interview):

> „Es ist natürlich schon so, wenn die Kooperationspartner an einem Standort inhaltlich zusammenpassen, im Sinne von, dass sie denselben Kundenkreis haben, dann wäre es wünschenswert, wenn sie über den Gedanken eines gemeinsamen Auftritts auf einer Messe oder einer gemeinsamen Broschüre hinausgehend auch Business Development Aktivitäten starten. Es wäre toll, wenn es so was wie ein Internetportal für die Kunden geben würde, das alle nicht so schlagkräftigen Firmen zusammenfasst."

Mit dem Einsatz moderner IuK-Technologien, wie digitale Datennetze, internetbasierte Wissensplattformen oder interorganisationale Informationssysteme, verschwimmen die Grenzen zwischen den Organisationsformen (vgl. Zerdick et al. 2001, S.16ff.; Wirtz 2001, S.41f.; Picot/Reichwald/Wigand 2003, S.71f.). Die zunehmende Informations- und Markttransparenz, die zu einer Reduktion von Informationsasymmetrien und Unsicherheiten führt, verleihen der Koordination von Wertschöpfungsaktivitäten über den Markt (Move-to-the-Market-Hypothese) bzw. durch Kooperationen (Move-to-the-Middle-Hypothese) gegenüber der Hierarchie eine stärkere Bedeutung (vgl.

Malone/Yates/Benjamin 1987; Clemons/Reddi/Row 1993, S.13; Picot/Ripperger/Wolff 1996, S.72f.). Für den Datenaustausch bietet sich für den Fall der virtuellen Unternehmung die einfach zu realisierende Applikations-Kommunikation an (vgl. Schräder 1996, S.110ff.), bei der Daten auf Basis einheitlicher Standards (Electronic Data Interchange) zwischen betrieblichen Datenverarbeitungssystemen transferiert werden (vgl. Wolgemuth 2002, S.83f.). Auf der Anwendungsstufe der „Vier-Ebenen-Architektur" stehen den Wissensträgern Kollaborationsmöglichkeiten wie IT-Kommunikationstools (z.B. E-Mail), IT-Conferencingtools (z.B. Chatrooms, Videokonferenzen) und kollaborative IT-Managementtools (z.B. Workflow-, Wissensmanagementsysteme) für die Projektarbeit zur Verfügung (vgl. u.a. Schmidt/Mayer 2007, S.62f.; EZ4 2007, Z13-Z20, Interview; EZ5 2007, Z55-Z67, Interview).

Trotz der objektiven Vorteile multimedialer Kommunikationsmittel für die Verfügbarkeit disparat verteilten Wissens („anytime-anyplace-Prinzip") bestehen weiterhin sowohl auf der Ebene des Netzwerkkoordinators als auch für die auftragsbezogene Steuerung und Kontrolle der virtuellen Teams die Principal-Agent-theoretischen Problematiken Adverse Selection, Moral Hazard und Hold-up (vgl. Hess 2002, S.99ff.; Picot/Dietl/Franck 2005, S.74f.; Deissner/Jordan-Stanomir 2006, S.164ff.). Die motivationsorientierte Gestaltung der Wissensatmosphäre durch die Verankerung der Kooperationsbereitschaft und des Dialogprinzips in den Grundsätzen der virtuellen Unternehmung, die Etablierung von transparenten Feedback-Mechanismen über die Leistungsbeiträge der Projektpartner (Soll-Ist-Vergleich) sowie das kontinuierliche Netzwerkcontrolling mit Hilfe eines Netzwerkkoordinators entscheiden über die Verwirklichung des theoretischen Konzeptes (vgl. Hess 2002, S.241f.; Picot/Reichwald/Wigand 2005, S.123; Spelsiek 2005, S.236ff.; Bantleon/Keiser 2006, S.208f.). Diesen Aspekt beschreibt Herr Prof. Dr. Buckel (E7 2007, Z261-Z265, Interview) mit folgenden Worten:

> „Es ist sicherlich keine schlechte Idee, das Ganze wie eine Firma aufzubauen, die Produkte einlizenziert, einige Techniken entwickelt, ein paar Kompetenzen hinzunimmt. Aber was möglicherweise verloren geht, ist dieses Unternehmertum zu sagen: Ich habe meine eigene Firma und ich möchte sie voranbringen!"

Inwieweit erste Projektnetzwerke wie das VirtOweB mit dem Dokumentenmanagementsystem ProCoBa[21] oder der beschriebene Cluster Weiße Biotechnologie unter-

[21] Im Rahmen des BMBF-Projekts „Virtuelle kooperative Organisationsformen für wissensbasierte Biotechnologieprozesse" erarbeiten die Unternehmen Across Barriers, LabConsult, Siemens Business Services und die Universität Paderborn die Anforderungen an eine virtuelle Organisation im Bereich der Biotechnologie. Unterstützt wird dabei die technologische Virtualisierung durch das Dokumen-

stützt vom ICS an die Idealvorstellungen einer virtuellen Unternehmung heranreichen, werden die Erfahrungsberichte der nächsten Jahre zeigen. Dennoch lässt sich damit ein moderner Weg aufzeigen, der im Kontext clusterorientierter Ansätze zur Bewältigung der Ressourcenknappheit beiträgt (E3 2007, Z487-Z491, Interview):

> „Die Expertise im Cluster Weiße Biotechnologie lässt sich nur über Netzwerkarbeit koordinieren und ich muss sagen, wenn man diese Cluster intelligent zusammenstellt und die Leute wirklich innerhalb der Wertschöpfungskette am Seil gemeinsam in eine Richtung ziehen, dann gibt es durchaus Möglichkeiten, Lösungen zu finden, auch wenn es nicht unproblematisch ist."

Das nachfolgende Kapitel fasst die wesentlichen Implikationen für die theoretische Diskussion zusammen und leitet praxisnahe Gestaltungsempfehlungen für einen effizienten Wissenstransfer im Wissenscluster ab.

tenmanagementsystem „Project Collaboration Base" sowie einem „Virtual Knowledge Center" (vgl. Hohensohn/Jahn 2005; Kortzfleisch 2005; Zülch et al. 2006).

6 Implikationen und Gestaltungsempfehlungen

Die vorliegende Untersuchung liefert ein differenziertes Bild zum interorganisationalen Wissenstransfer im Wissenscluster „Biotechnologie am Standort Martinsried“. Die methodische Triangulation ermöglicht die Herleitung theoretischer Implikationen und praxisnaher Gestaltungsempfehlungen. Als Anknüpfungspunkte für weitere Arbeiten in diesem noch jungen Forschungsfeld werden im Nachfolgenden die wichtigsten Ergebnisse kurz zusammengefasst und interpretiert.

Als typologische Merkmale des Wissensclusters ergeben sich die dominante Stellung der Ressource Wissen für das lokalisierte Wertschöpfungssystem, die Möglichkeit zur Interaktion zwischen Netzwerkmitgliedern und eine gemeinschaftlich höhere Wissensbasis als bei räumlich und thematisch isolierter Existenz der Akteure. Die regional überdurchschnittliche Präsenz von Unternehmen aus einem Wissensgebiet begünstigt die Entwicklung einer einheitlichen Sprachsphäre und erleichtert den Informations- und Wissenstransfer zwischen den Wirtschaftssubjekten. Zudem unterstützt die räumliche Nähe lokale Lernprozesse sowie die Entwicklung von Pragmatiken und Routinen. Das Wissen entsteht durch die zweckgerichtete Kombination von verschiedenen Informationen, die abhängig vom jeweiligen Erfahrungskontext interpretierte Daten darstellen. Mit der Erweiterung der Begriffshierarchie um den ökonomischen Nutzen von Wissen wird an dieser Stelle ein utilitaristisches Wissensverständnis vertreten. Für die theoretische Debatte wissensökonomischer Sachverhalte ergibt sich hieraus:

- Die beschriebenen Charakteristika des Wissensclusters ermöglichen die Identifikation von Raumsystemen mit vergleichbaren Strukturen.
- Durch den fokussierten Wissenszugang wird eine klare Abgrenzung zu anderen Clusteransätzen geschaffen.
- Die pragmatische Sichtweise auf den Wissensbegriff hilft, komplexe Wissensarchitekturen in sachlogisch trennbare Wissenssegmente zu gliedern.
- Eine strenge Orientierung am ökonomischen Nutzenprinzip beschränkt die vorliegende Analyse auf praxisrelevante Aspekte.

Das allgemeine Modell des Wissenstransfers in Clustern führt eklektisch Konzeptionen zur Erklärung der Wissenstransformation zusammen, um eine detaillierte Beschreibung der unterschiedlichen Funktionsweisen des interorganisationalen Wissenstransfers zu geben. Dabei bewegt sich der Transferprozess aus räumlicher Perspektive in einem Kontinuum zwischen den diametral gelegenen Standpunkten der Persistenz von lokal verortbarem implizitem Wissen und der globalen Verfügbarkeit expliziten Wissens. Der Wirkungsmechanismus bei den Phasen Sozialisation, Kombination, Externalisierung und Internalisierung des Wissens entspricht einem Diffusionsvorgang, der das Können bzw. implizite Wissen durch Abstrahierung mittels Begriffsbildung, Modellierung oder Theoriebildung dekontextualisiert und als explizites Wissen über Informationsträger in einen anderen Kontext überführt. Darüber hinaus existieren weitere Ausprägungen des Wissenstransfers in Clustern:

- Die Wissensteilung durch Bildung von Modulen mit wissensökonomischer Reife reduziert den Wissenstransfer auf das gemeinsam geteilte Schnittstellenwissen, wie Spezifikationen, für die Koordination spezialisierter und arbeitsteiliger Wertschöpfungsaktivitäten.
- Die Wissensvernetzung von organisationalen Fähigkeiten und Expertise mindert Knappheitsrestriktionen bei der Bewältigung hochkomplexer Problemstellungen.
- Der Wissensabfluss über Wissensoffenlegung in Form von Patenten oder technologischem Produktwissen verlangt die kontinuierliche Akkumulation von innovativem Wissen und den Aufbau schwer imitierbarer Kernkompetenzen als erfolgsrelevante Wettbewerbsfaktoren.

Das Theoriegebäude der Neuen Institutionenökonomik umschließt mit der PRT, TKT und PAT ein breites Instrumentarium für die Analyse ökonomischer Handlungen unter den Bedingungen unvollkommener Information und disparat verteilten Wissens. Damit leisten die Ansätze einen wertvollen Beitrag bei der Lösung des Koordinationsproblems „Nicht-Wissen“ und des Motivationsproblems „Nicht-Wollen“. Durch die sachlogische Verbindung von Arbeits- und Wissensteilung können die Koordinationsmechanismen des Wissenstransfers als ein transaktionaler Prozess untersucht werden. Anhand der theoretischen Überlegungen resultieren für einen effizienten Wissenstransferprozess die folgenden Thesen:

- Aus Property-Rights-theoretischer Sicht ist diejenige PR-Verteilung am effizientesten, welche die Summe aus Transaktionskosten und den durch externe Effekte hervorgerufenen Wohlstandsverlusten minimiert.
- Durch die Einschaltung eines Wissensintermediärs zwischen verschiedenen Wissensträgern im Cluster lassen sich die Transaktionskosten des Wissenstransfers signifikant senken.

- Eine aktive Gestaltung der Wissensatmosphäre durch Maßnahmen zur Reduktion von Informationsasymmetrien trägt zu einem effizienteren Wissenstransfer zwischen den Clusterakteuren bei.

Darüber hinaus vermitteln die Konzepte der interaktiven Wertschöpfung und virtuellen Unternehmung ein facettenreiches Bild über die Wissensakkumulation durch Wissenstransfer aus der Domäne des Kunden oder Partnerpools:

- Die Akkumulation des Kundenwissens ermöglicht die marktgerechte Ausrichtung aller Wertschöpfungsprozesse und erhöht dadurch die Wettbewerbsfähigkeit des Unternehmens.
- Die Akkumulation von Wissensressourcen im Rahmen der virtuellen Unternehmung unterstützt vor allem Start-ups bei der Bewältigung von Knappheitsproblemen und steigert die Wettbewerbsfähigkeit des gesamten Unternehmensnetzwerkes.

Neben den theoretischen Implikationen lassen sich Gestaltungsempfehlungen für den interorganisationalen Wissenstransfer in Clustern ableiten. Die qualitative Untersuchung ermittelt den institutionalisierten Wissenstransfer über die Technologietransferstellen und den Netzwerkkoordinator Bio^{M} GmbH als einen erfolgskritischen Faktor. Grundsätzlich wird zwischen sog. patentierfähigem und nicht-patentierfähigem Wissen unterschieden. Als kodifiziertes Wissen können Patente relativ einfach übertragen werden und vermeiden durch die klare Zuordnung der Intellectual Property Rights sowohl negative Handlungsfolgen aus externen Effekten als auch das Informationsparadoxon. Eine konsequente Patentierungsstrategie beachtet für den Wissensschutz die Notwendigkeit, den Umfang und das Timing der Patentanmeldung:

- Die strikte Orientierung an einem Kosten-/Nutzenkalkül bei der Beurteilung der Notwendigkeit zur Patentierung vermeidet die unnötige Preisgabe von Verfahrenswissen und -techniken.
- Mit der Wissensoffenlegung durch Patente entsteht ein Trade-off zwischen den Chancen der Wissensverwertung und den Risiken des Wissensabflusses, der für den konkreten Einzelfall beurteilt werden muss.
- Trotz des Drucks zur Patentierung von Seiten der Kapitalgeber sollten die Erfindungen aus wissensökonomischer Perspektive einen möglichst hohen Reifegrad erreichen, bevor ein Patent angemeldet wird.
- Aufgrund der Komplexität der Materie empfiehlt sich die Nutzung von Expertenwissen oder der Know-how-Erwerb in speziellen Schulungen.

Demgegenüber bleibt nicht-patentierfähiges Wissen implizit an den jeweiligen Wissensträger gebunden. Die Übertragung erfolgt durch den Kontextwechsel des Experten im Rahmen von Ausgründungen, Joint-Ventures, M&As oder Forschungskooperationen. Das aktive Wissensmanagement betreiben spezialisierte Institutionen wie Max-Planck-Innovation, Ascenion oder Helmholtz, die Erfindungen und Forschungsleistungen über das regelmäßige „Scouting“ für eine wirtschaftliche Vermarktung erschließen. Wissen avanciert somit zu einer wertvollen Ressource, deren Schutz eine zentrale Aufgabe der Organisationen bildet:

- Die Sensibilisierung der Mitarbeiter gegenüber der strategischen Relevanz von Wissensressourcen und Informationen über mögliche Sanktionen eines Fehlverhaltens helfen, die ungerichtete Wissensdiffusion einzudämmen.
- Für einen effizienten Wissenstransfer in Kooperationen sind die Verteilung der Intellectual Property Rights sowie die erforderlichen Geheimhaltungsvereinbarungen bereits in der Anbahnungsphase zu klären.
- Der Schutz des physischen und elektronischen Datenzugangs durch Sicherheitszonen, Sperrvermerke auf Dokumenten sowie Verschlüsselungstechnologien vermeiden den unkontrollierten Wissensabfluss.
- Alle Maßnahmen müssen sowohl für den Wissenscluster als auch auf internationaler Maßstabsebene (z.B. Schutz geistigen Eigentums in China) angewendet werden.

Der Netzwerkkoordinator Bio^{M} GmbH übernimmt als ein Wissensintermediär die Vernetzung der heterogenen Wirtschaftsakteure in der BioTech-Region München und im bayerischen Biotech-Cluster. Die Bündelung von Expertenwissen und das breite Angebot an Veranstaltungen sowie Informationstools als potentielle Wissensquellen senken die Such- und Informationskosten der Netzwerkteilnehmer. Als künftige Potentialfaktoren für den Wissenstransfer ergeben sich folgende Möglichkeiten:

- Das integrierte Kommunikationssystem (ICS) unterstützt die Explizierung von Grundlagen-, Fakten- und Erfahrungswissen der sog. Online-Communities und schafft weitere Transparenz über die Forschungsaktivitäten potentieller Kooperationspartner.
- Die Übernahme einer individualisierten Informationsfilterungsfunktion des Wissensintermediärs nach Marktsegmenten, Unternehmensgruppen oder auf spezielle Suchanfragen hin (z.B. Marktanalysen) fördert die operative Tätigkeit ressourcenschwacher Start-ups.

- Durch einen virtuellen Einkaufsverbund über geeignete EDV-Schnittstellen lassen sich Kostendegressionseffekte bei der Auftragsbündelung und der gemeinsamen Nutzung von Datenbanken erzielen.
- Die Erweiterung des Veranstaltungsangebots um mehr themenspezifische Informationen (z.B. Patentwesen) oder außerbetriebliche Aktivitäten (z.B. Sportevents) komplementieren das Leistungsspektrum und stärken den informellen Informationsaustausch insbesondere zu den Vertretern fokaler Biotechnologieunternehmen im Wissenscluster.

Die Kosten der Wissensintermediation decken großteils öffentliche Gelder. Die zeitlich befristete Anschubfinanzierung im Rahmen der bayerischen Cluster-Offensive fungiert als Impulsgeber für einen selbstorganisierenden Strukturprozess zur Stärkung der wirtschaftlichen Eigenkräfte. Die Innenfinanzierung der institutionalisierten Wissenstransfermaßnahmen setzt die Erlösgenerierung durch Beiträge der Netzwerkmitglieder und die Nutzung von Kostensenkungsmöglichkeiten über die Leistungsbündelung mit den koordinierenden Stellen am Standort voraus:

- Die jährliche Zahlungsbereitschaft der Life Science-Unternehmen, die sich im bayerischen Biotech-Cluster befinden, liegt für Fortbildungskurse am höchsten. Aufgrund des abnehmenden Grenznutzens der Kurse bedarf es der steten Erneuerung des Fortbildungsprogramms (z.B. Patentierungsstrategien).
- Für eine Teilnahme an allen Veranstaltungen zum Informationsaustausch existiert eine durchschnittliche Zahlungsbereitschaft von 144 EUR, die als Jahresabonnement abgeschöpft werden kann.
- Die gemeinschaftliche Koordination von Fortbildungsmaßnahmen mit den Max-Planck-Instituten (z.B. Soft Skills Training) schafft Synergiepotentiale und reduziert die Organisationskosten.

Unter der Wissensatmosphäre werden alle kapitalbedingten, vertrauensrelevanten, politisch-rechtlichen, standortspezifischen und technischen Einflussfaktoren subsumiert, die den interorganisationalen Wissenstransfer prägen. Informationsasymmetrien verursachen nach Ansicht der PAT diskretionäre Verhaltensspielräume, die zu einem opportunistischen Handeln des besser informierten Agenten gegenüber dem Principal führen können. Zur Lösung der Informationsprobleme Adverse Selection, Moral Hazard und Hold-up stehen die Strategien Signalling, Screening, Monitoring und die Interessenangleichung zwischen den Wirtschaftsakteuren zur Verfügung. Im spezifischen Kontext des Wissensclusters rekurriert das Problem der Adverse Selection auf die quantitative Ausweitung des Angebots hochqualifizierter Arbeitskräfte:

- Die Etablierung international vergleichbarer Studiengänge (vgl. Bologna-Prozess) im Bereich Biotechnologie sowie die Schaffung neuer Berufsbilder, wie der biologisch-technische Assistent, verbessern das Arbeitskräftepotential auch für den Wissenscluster.

- Das gemeinsame Schnittstellenmanagement zwischen akademischen und industriellen Organisationen bei Maßnahmen zur Integration von ausländischen Fachkräften in die Gemeinde, Erschließung von Wohnraum und Förderung von Infrastrukturprojekten erhöht die Standortattraktivität und reduziert die Konkurrenz um knappe Arbeitskräfte.

- Die Entwicklung von implizitem Erfahrungswissen bei der öffentlichen Verwaltung im Umgang mit den speziellen Ansprüchen der Biotechnologieunternehmen beschleunigt die Informationszirkulation (z.B. bei Antragsbescheiden) und stärkt die zentripetalen Kräfte des Clusters.

- Die koordinierte Finanzierungsplanung von Forschungsprojekten auf nationaler und supranationaler Maßstabsebene trägt zu einer Verminderung des brain drain vor allem in die USA bei.

Der Aufbau einer vertrauensvollen Atmosphäre im Wissenscluster senkt die Gefahr von Moral Hazard und erleichtert durch die Einsparung von Kontrollsystemen den interorganisationalen Wissenstransfer:

- Die Bildung einer gemeinsam geteilten Lebens-, Sprach- und Wissensform am Biotech-Standort Martinsried unterstützt die Kommunikation der Akteure und schafft über das Wertegefüge Vertrautheit bzw. soziales Kapital.

- Durch die räumliche Nähe im Inkubator resultieren sog. Wissensspillovereffekte, die Bekanntheit erzeugen und als Basis für einen reziproken Informationsaustausch sowie langfristige Beziehungen dienen.

- Der Netzwerkkoordinator fungiert bei der Vermittlung von Projektpartnern zugleich als ein Vertrauensintermediär, der über gezielte Reputations- und Sanktionsmechanismen den Wissenstransfer steuert.

Die Hold-up-Problematik verursacht aus vertragstheoretischer Sicht eine Situation der Unterinvestition, da bei spezifischen Investments in die Vertragsbeziehung ein höheres Risiko des opportunistischen Verhaltens besteht. Als Folge der Kapitalknappheit in der Biotechnologiebranche dominieren kommerzielle Forschungsbemühungen gegenüber der grundlagenorientierten Generierung neuen Wissens. Diese Divergenz lässt einen Zusammenhang zwischen der Höhe der frei verfügbaren Finanzmittel als

„Free Cash Flow" und dem Wissenstransferverhalten der Life Science-Unternehmen vermuten:

- Bei einer angespannten Finanzlage neigen die Firmen tendenziell stärker zur Auslizenzierung von Patenten an finanzkräftige Pharmakonzerne (z.B. klinische Phasen). Damit kann der Wissensabfluss bei frühen Patenten an ausländische Investoren verbunden sein.

- Das Humankapital bildet einen besonders wichtigen Wettbewerbsfaktor für den Wissenscluster. Die zielgerichtete Abwerbung von Mitarbeitern durch höhere Gehaltszahlungen (extrinsische Motivation) oder die Anreizwirkung des Entrepreneurships von Start-up-Unternehmen (intrinsische Motivation) führen ebenfalls zum Wissensabfluss zwischen den Clusterakteuren.

- Der Einbezug von Expertenwissen (z.B. Unternehmensberater) steht eher finanzstarken Firmen offen. Über das eigene Angebot spezialisierter Beratungsdienstleistungen können jedoch auch junge Unternehmen erste Umsätze generieren und ein positives Signal an potentielle Finanzinvestoren geben.

- Die Kooperationsbereitschaft zur Erschließung komplementärer Wissensressourcen ist unabhängig von der finanziellen Ausstattung der Unternehmen relativ stark ausgeprägt. Dabei vermindert die Bündelungsfunktion von Netzwerken Knappheitsprobleme und ermöglicht Kostendegressionseffekte in Form von Economies of Scale.

- Durch eine effiziente Arbeits- und Wissensteilung lassen sich Vorteile der Spezialisierung und Lerneffekte erzielen sowie die Kosten des Wissenstransfers, bezüglich der Aneignung von Schnittstellenwissen für die Koordination der wirtschaftlichen Aktivitäten, reduzieren.

Das Konzept der interaktiven Wertschöpfung integriert das Wissen des Kunden in den gesamten Wertschöpfungsprozess. Der Grad an kooperativer Arbeitsteilung orientiert sich am Bedarf an implizitem Wissen für den Leistungserstellungsprozess, der technischen Beeinflussbarkeit der Wertschöpfung und der Höhe der Wissenstransferkosten. Existiert eine besondere Relevanz von Bedarfsinformationen, überträgt das Unternehmen bestimmte Teilaufgaben direkt auf den Kunden. Dahingegen wird bei einer starken Nachfrage der Unternehmensabteilungen nach Lösungsinformationen das implizit vorhandene Kundenwissen über Marktstudien, Befragungen oder durch die Analyse des Beschwerdeverhaltens mit Hilfe von CRM-Systemen erschlossen. Trotz des außergewöhnlichen Potentials, das sich für die Erzielung von Differenzierungsmerkmalen und Wettbewerbsvorteilen ergibt, nutzen nur wenige Life Science-Unternehmen ihre Stakeholder als Wissensquellen. Am Beispiel von biotechnologischen Zulieferbetrieben lassen sich die folgenden Gestaltungsempfehlungen ableiten:

- Die Ausrichtung aller Wertschöpfungsaktivitäten an den Bedürfnissen des Kunden erhöht die Marktchancen des Leistungsangebots und senkt das Risiko der subjektiven Wahrnehmungsverzerrung (z.B. Technikverliebtheit) im Hinblick auf den potentiellen Kundennutzen des Produkts.
- Der Alignment-Prozess zwischen der markt- und ressourcenorientierten Sichtweise durch Schulungen des kaufmännischen und technischen Personals (z.B. Crash-Kurse) sowie regelmäßige Entwicklungstreffen hilft bei der Prozessimplementierung der Lösungsinformationen.
- Die räumliche Nähe im Wissenscluster begünstigt informelle Kooperationsbeziehungen zu „Lead Users" oder potentiellen Kunden als Co-Produzenten, die durch den Wissenstransfer bei der Individualisierung der Leistung und zur Kosteneinsparung über die Wissensteilung beitragen.
- Aufgrund der Ressourcenknappheit der Start-up-Unternehmen bieten sich studentische Initiativen (z.B. ODEON Center) als kostensparende Möglichkeit für die Durchführung von Markt-, Konkurrenz- oder Potentialanalysen gegenüber etablierten Marktforschungsinstituten an.
- Bei allen Maßnahmen der nachfrageorientierten Wertschöpfung sind die Preis- und Qualitätsmerkmale der Leistung zu beachten und ein geeignetes sprachliches Abstraktionsniveau für das jeweilige Kundensegment zu wählen.

Im Rahmen der virtuellen Unternehmung werden Wissensressourcen durch die kooperative Zusammenarbeit rechtlich selbständiger Partnerunternehmen in einem Netzwerk akkumuliert. Dabei fungieren moderne IuK-Technologien als zentraler „Enabler" für die Koordination und Steuerung des Verbundes und ermöglichen mit der internetbasierten Verteilung von Prozessstufen der Leistungserstellung auf spezialisierte Unternehmen die Virtualisierung der Wertschöpfung. Hieraus resultieren Vorteile der Risikoteilung, Flexibilisierung, Kostendegression, ganzheitlicher Marktlösungen und die Förderung der Kooperationskompetenz der beteiligten Netzwerkakteure. Problemfelder ergeben sich insbesondere bei der Koordination der Projektpartner, Überwindung opportunistischen Verhaltens und technischen Umsetzung der Kompatibilität und Interoperabilität unterschiedlicher EDV-Systeme. Obwohl die Kooperationsbereitschaft der Life Science-Unternehmen am Biotech-Standort Martinsried als ein Wissensknoten stark ausgeprägt ist, bleibt das theoretische Konzept in der Praxis weitgehend unrealisiert. Für die Umsetzung bieten sich folgende Handlungsstrategien an:

- Die systematische Auswahl der Kooperanden mit Hilfe der Partnerfit-Diagnostik nach den Erfolgskriterien Kongruenz der Zielsetzungen, Vergleichbarkeit der Unternehmenskulturen sowie reziprokes Vertrauen vermindert das Risiko von Adverse Selection und die Trittbrettfahrerproblematik („Shirking").

- Der effiziente Wissenstransfer zwischen den Partnern setzt die frühzeitige Verteilung der Intellectual Property Rights sowie den Abschluss von Geheimhaltungsvereinbarungen (Letter of Intent) voraus.

- Das gemeinsame Commitment für einen Wissensintermediär (z.B. fokales Unternehmen) bewirkt das Sinken der Transaktions- und Monitoringkosten im gesamten Netzwerk und beschleunigt die Auftragsvergabe über Auktionen.

- Für den elektronischen Datenaustausch (EDI) auf Basis einheitlicher Standards bietet sich die einfach zu realisierende Applikations-Kommunikation sowie unterstützende telekooperative Kollaborationstools an.

- Die motivationsorientierte Gestaltung der Wissensatmosphäre kann durch die Verankerung des Dialogprinzips und Fairness-Postulats in den Grundsätzen einer virtuellen Unternehmung, transparente Feedback-Mechanismen der Leistungsbeiträge der Projektpartner und das kontinuierliche Netzwerkcontrolling erfolgen.

- Zudem ergeben sich Chancen, die Problematik knapper Finanzmittel über die Bündelung des Cash-Managements der einzelnen Portfoliounternehmen in einer gemischten Finanzierungsgesellschaft zu bewältigen. Durch die gemeinsame und einzelwirtschaftliche Außenfinanzierung, wechselseitige Finanzbeteiligungen sowie eine staatliche Exit-Strategie potenziert sich das Kapitalvolumen des Netzwerkverbundes.

Die theoretischen Implikationen und praxisnahen Gestaltungsempfehlungen liefern ein facettenreiches Bild über die Funktionsweisen des Wissenstransfers in Clustern. Das nachfolgende Kapitel zieht ein Fazit zu den Untersuchungsergebnissen und vermittelt einen Ausblick über die künftigen Entwicklungsmöglichkeiten des Biotechnologiestandorts Martinsried.

7 Fazit und Ausblick

Im Erkenntnisinteresse der vorliegenden Analyse stehen die verschiedenen Mechanismen zur Koordination von Wissen in lokalen Wertschöpfungssystemen. Am Beispiel des im Münchner Süden gelegenen Biotechnologiestandorts Martinsried konnten mit Hilfe von Expertengesprächen und einer Onlinebefragung Einsichten zu den Erfolgsfaktoren, Problembereichen und künftigen Handlungsfeldern des Wissenstransfers in Clustern gewonnen und praxisrelevante Gestaltungsempfehlungen abgeleitet werden. Zudem ermöglichte die systematische Zusammenführung der organisationstheoretischen Ansätze der Neuen Institutionenökonomik sowie der Konzepte einer interaktiven Wertschöpfung und virtuellen Unternehmung eine ganzheitliche Betrachtung der Wissensaustauschprozesse. Abschließend wird die Dynamik des interorganisationalen Wissenstransfers im Kontext einer pfadabhängigen Entwicklung der örtlichen Wissensbasis (siehe Abb.21) skizziert.

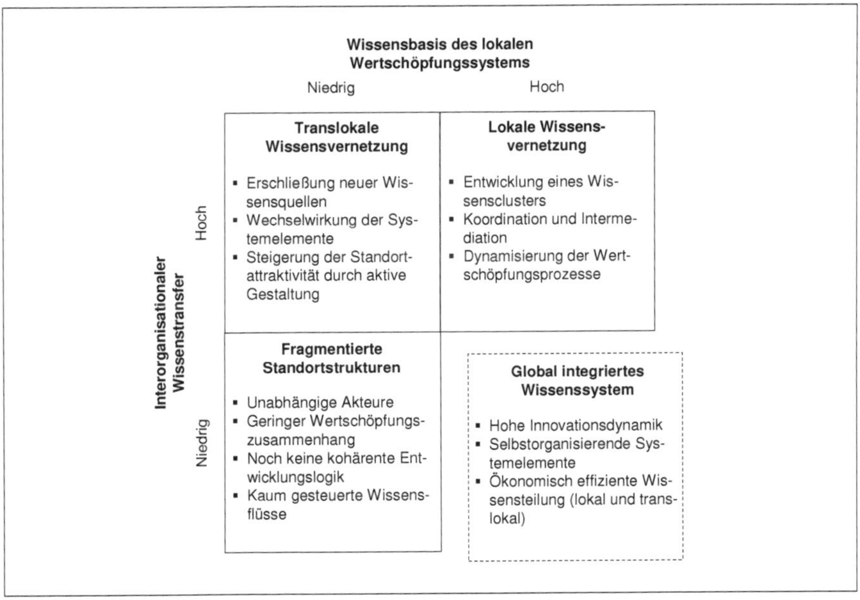

Abb.21: Dynamik des Wissenstransfers in räumlicher Perspektive (Quelle: Eigene Darstellung).

In Martinsried schufen die zielgerichtete Zusammenlegung von Forschungseinrichtungen sowie intensive Investitionen in die klinische Infrastruktur geeignete Voraussetzungen für die Erschließung neuer Wissensquellen. Begünstigt durch die Nähe zur Münchner Innenstadt, das Angebot an Erweiterungsflächen oder das Image als High-Tech-Region entschieden sich zahlreiche Unternehmen der Life Science-Branche für die Ansiedlung vor Ort. Die räumliche Konzentration von Wissensträgern ermöglichte den steten Ausbau der Wissensbasis und stärkte damit sowohl die zentripetalen Kräfte als auch das endogene Innovationspotential des Standorts. Dies zeigt sich u.a. im Zuzug hochqualifizerter Fachkräfte, in vereinfachten Verfahren der öffentlichen Verwaltung für Biotechnologieunternehmen, anhand umfangreicher Patentportfolios der ansässigen Institute oder relativ hoher Gründungsraten. Heute präsentiert sich Martinsried für den Biotechnologiesektor als ein dynamischer Wissenscluster.

Mit zunehmender Komplexität des räumlich konzentrierten Wertschöpfungssystems steigen die Anforderungen an das Wissensmanagement. Die Ergebnisse der Untersuchung unterstreichen die besondere Relevanz des institutionalisierten Wissenstransfers bei der Akkumulation, Sicherung und kommerziellen Verwertung von Know-how. Neben den spezialisierten Technologietransferstellen spielen der Wissensintermediär Bio^{M} GmbH und die Inkubatororganisation IZB vor allem für ressourcenschwache Start-ups eine wichtige Rolle. Durch die aktive Vernetzung der Clusterakteure, das zentrale Angebot an Beratungsdienstleistungen sowie Fortbildungsveranstaltungen lassen sich die Gesamtkosten des Systems senken. Die Wertschätzung für Maßnahmen der Intermediation kommt auch in einer weitgehend unausgeschöpften Zahlungsbereitschaft der Unternehmen zum Ausdruck. Zudem besteht Verbesserungspotential bei der intensiveren Bündelung der Wissenstransferaktivitäten zwischen der kommerziellen und grundlagenorientierten Forschung.

Die Wissensatmosphäre wird angesichts des internationalen Wettbewerbs um knappe Kapital- und Wissensressourcen von vielfältigen lokalen und translokalen Konkurrenzbeziehungen geprägt. Diese treten im Spannungsverhältnis zwischen kooperativer Wissensteilung und der Gefahr des Wissensabflusses in Erscheinung. Dabei ergeben sich Gegensätze, die sich anhand der Patentierung sowie im Verhältnis zwischen Kapital und Wissen feststellen lassen. Während einerseits Patente ein wichtiges Instrument für den Wissensschutz darstellen, verzichten einige Unternehmen aus Furcht vor Wissensoffenlegung auf die Anmeldung von Innovationen. Auch die Isolierung von Forschungsbereichen, die Informationssperre über kapitalmarktrelevantes Wissen oder der Rückzug insbesondere fokaler Biotechnologieunternehmen stehen der netzwerkbasierten Bündelung von Kompetenzen und Kapitalressourcen für eine gemeinschaftliche Gestaltung des Wissenstransfers im Cluster entgegen. In Zukunft wird daher der Wissensintermediär mehr die Rolle eines Vertrauensintermediärs übernehmen müssen. Damit rückt das Motivationsproblem des „Nicht-Wollens“ in den Fokus der wissenschaftlichen Auseinandersetzung.

Als ein offener Strukturprozess obliegt es den Clusterakteuren, ob sich der Biotech-Standort Martinsried in Richtung eines global integrierten Wissenssystems mit einer effizienten Wissensteilung oder hin zur Fragmentierung in relativ unabhängige Akteursgruppen entwickelt. Gerade beim Übergang zur Stagnationsphase im Clusterlebenszyklus bedarf es moderner Konzepte des Wissensmanagements und kontinuierlich neuer Innovationen. Das ICS zur Verbesserung der Transparenz und Kommunikation am Standort, die Informationsfilterungsfunktion des Wissensintermediärs oder der virtuelle Einkaufsverbund zur Erzielung von Synergieeffekten sind Möglichkeiten für den Erhalt dynamischer Clusterstrukturen. Darüber hinaus sichern die konsequente Erschließung der Stakeholder als potentielle Wissensquellen und die Akkumulation von Know-how im Rahmen virtueller Organisationsformen die Wettbewerbsfähigkeit der Akteure. Entsprechend in den transdisziplinären Dialog der Clusterforschung eingebettet, lässt dies auch weiterhin tiefgründige Erkenntnisse über den Wissenstransfer in Clustern erwarten.

Literaturverzeichnis

A

Acs, Zoltan J.; Audretsch, David B.; Braunerhjelm, Pontus; Carlsson, Bo (2006): The Knowledge Spillover Theory of Entrepreneurship, in: CESIS Electronic Working Paper Series, Nr.77, S.1-37.

Akerlof, George A. (1970): The Market for "Lemons": Quality Uncertainty and the Market Mechanism, in: Quarterly Journal of Economics, Vol.89, S.488-500.

Albers, Sönke; Wolf, Joachim (2003): Management virtueller Unternehmen, Wiesbaden.

Alchian, Arem A.; Demsetz, Harold (1972): Production, Information Costs, and Economic Organization, in: American Economic Review, Vol.62, S.777-795.

Alchian, Arem A.; Demsetz, Harold (1973): The Property Rights Paradigm, in: Journal of Economic History, Vol.33, S.16-27.

Alecke, Björn; Untiedt, Gerhard (2005): Zur Förderung von Clustern, „Heilsbringer“ oder „Wolf im Schafspelz“?, in: GEFRA - Gesellschaft für Finanz- und Regionalanalysen, Münster, S.1-19.

Al-Laham (2003): Organisationales Wissensmanagement, München.

Alt, Rainer; Legner, Christine; Österle, Hubert (2005): Virtuelle Organisation, Konzepte, Realität und Umsetzung, in: HMD Praxis der Wirtschaftsinformatik, Nr.242, S.7-20.

Amelingmeyer, Jenny (2000): Wissensmanagement: Analyse und Gestaltung der Wissensbasis von Unternehmen (Dissertation), Wiesbaden.

Amin, Ash; Cohendet, Patrick (2004): Architectures of Knowledge, Firms, Capabilities and Communities, Oxford.

Andersson, Thomas; Schwaag-Serger, Sylvia; Sörvik, Jens; Wise-Hansson, Emily (2004): The Cluster Policies Whitebook, Holmbergs.

Araujo, Luis; Minetti, Raoul (2007): Financial Intermediaries as Market for Firm Assets, in: Economic Journal, Vol.117, Nr.523, S.1380-1402.

Argyris, Chris; Schön, Donald A. (1996): Organizational learning II, Theory, Method, And Practice, USA.

Argyris, Chris; Schön, Donald A. (2002): Die lernende Organisation: Grundlagen, Methode, Praxis, Stuttgart.

Arnold, Oksana; Faisst, Wolfgang; Härtling, Martina; Sieber, Pascal (1995): Virtuelle Unternehmen als Unternehmenstyp der Zukunft?, in: HMD, Praxis der Wirtschaftsinformatik, Vol.32, Nr.185, S.8-23.

Arrow, Kenneth J. (1962): The Economic Implications of Learning by Doing, in: The Review of Economic Studies, Vol.29, Nr.3, S.155-173.

Arrow, Kenneth J. (1971): Essays in the Theory of Risk Bearing, Chicago.

Asheim, Björn; Boschma, Ron (2007): Constructing regional advantage: Platform policies based on related variety and differentiated knowledge bases, Utrecht.

Atteslander, Peter (2003): Methoden der empirischen Sozialforschung, Berlin.

Audretsch, David B.; Cooke, Phil (2001): Die Entwicklung regionaler Biotechnologie-Cluster in den USA und Großbritannien, Nr.107, Stuttgart.

Auer, Michael (2000): Transferunternehmertum, erfolgreiche Organisation des Technologietransfers, Wiesbaden.

Autant-Bernard, Corinne (2001): The Geography of Knowledge Spillovers and Technological Proximity, in: Economics of Innovation and New Technology, Vol.10, Nr.4, S.237-254.

B

Bach, Norbert; Homp, Christian (1997): Wissensmanagement als Querschnittsaufgabe des Kernkompetenzen-Managements, Gießen.

Backhaus, Klaus (1999): Investitionsgütermarketing, 6.Aufl., München.

Bailey, Joseph P.; Bakos, Yannis J. (1997): An Exploratory Study of the Emerging Role of Electronic Intermediaries, in: International Journal of Electronic Commerce, Vol.1, Nr.3, S.7-20.

Baligh, Helmy H., Richartz, Leon E. (1964): An Analysis of Vertical Market Structures, in: Management Science, Vol.10, Nr.4, S.667-689.

Bamberger, Ingolf; Wrona, Thomas (1996): Der Ressourcenansatz und seine Bedeutung für die strategische Unternehmensführung, in: Zeitschrift für betriebswirtschaftliche Forschung, Vol.48, S.130-153.

Bantleon, Markus; Keiser, Thomas (2006): Collaborationstools: Zusammenarbeit leicht gemacht!, in: Unternehmensführung in dynamischen Netzwerken, Erfolgreiche Konzepte aus der Life-Science-Branche, hrsg. v. Zülch/Barrantes/Steinheuser, Heidelberg, S.205-223.

Barrantes, Luis; Wuthcke, Michaela (2006): Wie finde ich den richtigen Partner?, in: Unternehmensführung in dynamischen Netzwerken, Erfolgreiche Konzepte aus der Life-Science-Branche, hrsg. v. Zülch/Barrantes/Steinheuser, Heidelberg, S.7-19.

Bathelt, Harald (1994): Die Bedeutung der Regulationstheorie in der Wirtschaftsgeographischen Forschung, in: Geographische Zeitschrift, Vol.82, S.63-90.

Bathelt, Harald (2004): Vom „Rauschen" und „Pfeifen" in Clustern: reflexive Informations- und Kommunikationsstrukturen im Unternehmensumfeld, in: Geographica Helvetica, Vol.59, Nr.2, S.93-105.

Bathelt, Harald; Glückler, Johannes (2003): Wirtschaftsgeographie, 2.Aufl., Stuttgart.

Bathelt, Harald; Gräf, Armin (2006): Internal and External Dynamics of the Munich Film and TV Industry Cluster and the International Entertainment Sector, in: SPACES, Marburg, S.1-31.

Bathelt, Harald; Malmberg, Anders; Maskell, Peter (2002): Clusters and Knowledge: Local Buzz, Global Pipelines and the Process of Knowledge Creation, in: DRUID Working Paper, Nr.02-12, S.1-30.

Bayerische Staatskanzlei (2006): High-Tech-Offensive Bayern: Bilanz und Perspektiven, München.

Bayerisches Staatsministerium für Wirtschaft (2006): Allianz Bayern Innovativ: Eckpunkte bayerischer Clusterpolitik, München.

Bayerische Staatsregierung (2007): Zukunft Bayern 2020, Nachhaltige Politik für Kinder, Bildung und Arbeit, Megatrends und ihre bessere Nutzung durch Wirtschaft und Wissenschaft, München.

Bea, Franz Xaver; Haas, Jürgen (2005): Strategisches Management, 4.Aufl., Stuttgart.

Becker, Egon (2001): Die postindustrielle Wissensgesellschaft - ein Mythos?, in: Zeitschrift für kritische Theorie, 12/2001, S.85-106.

Becker, Markus C. (2001): Managing Dispersed Knowledge: Organizational Problems, Managerial Strategies, And Their Effectiveness, in: Journal of Management Studies, Vol.38, Nr.7, S.1037-1051.

Berekoven, Ludwig; Eckert, Werner; Ellenrieder, Peter (2004): Marktforschung, Methodische Grundlagen und praktische Anwendung, 10.Aufl., Wiesbaden.

Bergeron, Bryan; Chan, Paul (2004): Biotech Industry, A Global, Economic, and Financing Overview, USA.

Bey, Eva (2005): Bedarfe kleiner und mittlerer Unternehmen an Wissens- und Technologietransfer, in: Wissens- und Technologietransfer, Analysen, Konzepte, Instrumente, hrsg. v. EFRE, Oldenburg, S.51-79.

Bhargava, Hemant K.; Choudhary, Vidyanand (2004): Economics of an Information Intermediary with Aggregation Benefits, in: Information Systems Research, Vol.15, Nr.1, S.22-36.

Biglaiser, Gary; Friedman, James (1994): Middlemen as Guarantors of Quality, in: International Journal of Industrial Organization, Vol.12, S.509-531.

Bio^{M} GmbH (2007a): Report 2006, Der Münchner Biotech Cluster, Reifeprüfung bestanden!, München.

Bio^{M} GmbH (2007b): Die Bio^{M} Biotech Cluster Development GmbH, http://www.bio-m.org, 13.11.2007.

Blanchard, Olivier; Illing, Gerhard (2004): Makroökonomie, 3.Aufl., München.

BMBF (2006): BioRegionen in Deutschland, Starke Impulse für die nationale Technologieentwicklung, 4.Aufl., Berlin.

BMBF (2007a): Deutsche Biotech-Erfinderaktivität stark regional konzentriert, Statistik 2007, http://www.biotechnologie.de, 13.11.2007.

BMBF (2007b): Studie: BMBF-Programme BioRegio und BioProfile haben deutsche Biotechnologie vorangetrieben, http://www.biotechnologie.de, 13.11.2007.

BMBF (2007c): Weiße Biotechnologie, Chancen für neue Produkte und umweltschonende Prozesse, Berlin.

BMWI (2006): Wissensbilanzen, Made in Germany, Leitfaden 1.0 zur Erstellung einer Wissensbilanz, Berlin.

Böhler, Heymo (2004): Marktforschung, Stuttgart.

Böhm, Andreas (2007): Theoretisches Codieren: Textanalyse in der Grounded Theory, in: Qualitative Forschung, Ein Handbuch, hrsg. v. Flick/Kardorff/Steinke, Hamburg, S.475-485.

Böhn, Dieter; Bosch, Aida; Haas, Hans-Dieter; Kühlmann, Torsten; Schmidt, Gert (2003): Deutsche Unternehmen in China, Wiesbaden.

Bodrow, Wladimir; Bergmann, Philipp (2003): Wissensbewertung in Unternehmen, Bilanzieren von intellektuellem Kapital, Berlin.

Bogner, Alexander; Menz, Wolfgang (2005a): Expertenwissen und Forschungspraxis: die modernisierungstheoretische und die methodische Debatte um die Experten, Zur Einführung in ein unübersichtliches Problemfeld, in: Das Experteninterview, Theorie, Methode, Anwendung, hrsg. v. Bogner/Littig/Menz, 2.Aufl., Wiesbaden, S.7-30.

Bogner, Alexander; Menz, Wolfgang (2005b): Das theoriegenerierende Experteninterview, Erkenntnisse, Wissensformen, Interaktion, in: Das Experteninterview, Theorie, Methode, Anwendung, hrsg. v. Bogner/Littig/Menz, 2.Aufl., Wiesbaden, S.33-70.

Bortz, Jürgen; Döring, Nicola (2006): Forschungsmethoden und Evaluation für Human- und Sozialwissenschaftler, 4.Aufl., Heidelberg.

Brandenburger, Adam M.; Nalebuff, Barry J. (2008): Coopetition, kooperativ konkurrieren, 2.Aufl., Frankfurt.

Brandt, Martin; Volkert, Bernd (2003): Regionales Monitoring zur Wissensökonomie, Ansatzpunkte, Anforderungen, Grenzen, Stuttgart.

Breschi, Stefano; Lissoni, Francesco (2001): Knowledge Spillovers and Local Innovation Systems: A Critical Survey, in: LIUC Papers in Economics, Nr.84, S.1-30.

Breschi, Stefano; Malerba, Franco (2007): Clusters, Networks, And Innovation, USA.

Brixy, Udo; Grotz, Reinhold (2007): Regional patterns and determinants of the birth and success of new firms in Western Germany, in: Entrepreneurship and Regional Development, Vol.19, Nr.4, S.293-312.

Broglie, Christian (2005): Der Lebenszyklus von Geschäftsmodellen, Idealtypischer Wachstumsverlauf in der Biotechnologie mit Fallbeispielen aus der Schweiz, Genf.

Buber, Renate; Holzmüller, Hartmut H. (2007): Qualitative Marktforschung, Konzepte, Methoden, Analysen, Wiesbaden.

Bullinger, Hans-Jörg; Fröschle, Hans-Peter; Brettreich-Teichmann, Werner; Hofmann, Josephine (1995): Das virtuelle Unternehmen, Konzept, Stand, Aussichten, in: Gewerkschaftliche Monatshefte, Vol.6, S.375-386.

Burmann, Christoph (2002): Wissensmanagement als Determinante des Unternehmenswerts, in: Zeitschrift Führung und Organisation, Nr.6, S.334-341.

Burr, Wolfgang; Stephan, Michael; Soppe, Birthe; Weisheit, Steffen (2007): Patentmanagement, Strategischer Einsatz und ökonomische Bewertung von technologischen Schutzrechten, Stuttgart.

Buxmann, Peter; Rose, Frank; König, Wolfgang (1998): Intermediation on Electronic Markets: The case of Java Software Elements, in: Journal of International Information, Vol.7, S.73-84.

C

Cainelli, Giulio; Zoboli, Roberto (2007): The Evolution of Industrial Districts: Changing Governance, Innovation and Internationalisation of Local Capitalism in Italy, Heidelberg.

Cairncross, Frances (1997): The death of distance, USA.

Capling, Ann; Nossal, Kim R. (2001): Death of Distance or Tyranny of Distance? The Internet, Deterritorialization, and the Anti-Globalization Movement in Australia, in: The Pacific Review, Vol.14, Nr.3, S.443-465.

Carlaw, Kenneth; Oxley, Les; Walker, Paul; Thorns, David; Nuth, Michael (2006): Beyond the Hype: Intellectual Property and the Knowledge Society/Knowledge Economy, in: Journal of Economic Surveys, Vol.20, Nr.4, S.633-690.

Casper, Steven (2007): How do technology clusters emerge and become sustainable? Social network formation and inter-firm mobility within San Diego biotechnology cluster, in: Science Direct Research Policy, Vol.36, S.438-455.

Cernavin, Oleg (2005): Regionale Cluster als soziale Innovationssysteme, Wandel der Arbeit und die wachsende Bedeutung der Cluster-Perspektive, in: Cluster und Wettbewerbsfähigkeit von Regionen, Erfolgsfaktoren regionaler Wirtschaftsentwicklung, hrsg. v. Cernavin et al., Berlin, S.35-76.

Cernavin, Oleg; Führ, Martin (2005): Regionalökonomie verdrängt Nationalökonomie, Ansatzpunkte zur Förderung der Cluster-Entwicklung, in: Cluster und Wettbewerbsfähigkeit von Regionen, Erfolgsfaktoren regionaler Wirtschaftsentwicklung, hrsg. v. Cernavin et al., Berlin, S.7-14.

Chesbrough, Henry W.; Vanhaverbeke, Wim; West, Joel (2006): Open Innovation: Researching a New Paradigm, Oxford.

Chiesa, Vittorio; Chiaroni, Davide (2005): Industrial Clusters in Biotechnology, Driving Forces, Development Processes and Management Practices, UK.

Christaller, Walter (1933): Die zentralen Orte in Süddeutschland, Eine ökonomisch-geographische Untersuchung über die Gesetzmäßigkeiten der Verbreitung und Entwicklung von Siedlungen mit städtischen Funktionen, Jena.

Clemons, Eric K.; Reddi, Sashidhar P.; Row, Michael, C. (1993): The Impact of Information Technology on the Organization of Economic Activity: the "Move to the Middle" Hypothesis, in: Journal of Management Information Systems, Vol.10, Nr.2, S.9-36.

Coase, Ronald H. (1937): The Nature of the Firm, in: Economica N.S., Vol.4, S.386-405.

Coase, Ronald H. (1960): The Problem of Social Cost, in: Journal of Law and Economics, Vol.3, S.1-44.

Corolleur, Frédéric; Courlet, Claude (2003): The Marshallian industrial district, an organizational and institutional answer to uncertainty, in: Entrepreneurship and Regional Development, Vol.15, S.299-307.

Corsten, Hans (1998): Grundlagen der Wettbewerbsstrategie, Leipzig.

Cooke, Philip (2003): Biotechnology clusters, "Big Pharma" and the knowledge-driven economy, in: Technology Management, Vol.25, Nr.1/2, S.65-80.

Cover, Thomas M.; Thomas, Joy A. (1991): Elements of Information Theory, USA.

Crevoisier, Olivier (2001): Der Ansatz des kreativen Milieus, Bestandsaufnahme und Forschungsperspektiven am Beispiel urbaner Milieus, in: Zeitschrift für Wirtschaftsgeographie, Vol.45, S.246-256.

Curzio, Alberto Quadrio; Fortis, Marco (2002): Complexity and Industrial Clusters: Dynamics and Models in Theory and Practice, Heidelberg.

D

Dannenberg, Marius; Barthel, Sascha (2004): Effiziente Marktforschung, Fachkompetenz, Bonn.

Davenport, Thomas H.; Prusak, Laurence (2000): Working Knowledge, USA.

Davidow, William H.; Malone, Michael S. (1992): The Virtual Corporation, Structuring and Revitalizing the Corporation for the 21st Century, New York.

Davidow, William H.; Malone, Michael S. (1993): Das virtuelle Unternehmen, Der Kunde als Co-Produzent, Frankfurt.

Deissner, Michael; Jordan-Stanomir, Sabine (2006): Virtuelle Teamarbeit in der Biotechnologie-Branche: So gelingt sie!, in: Unternehmensführung in dynamischen Netzwerken, Erfolgreiche Konzepte aus der Life-Science-Branche, hrsg. v. Zülch/Barrantes/Steinheuser, Heidelberg, S.163-176.

Demsetz, Harold (1967): Toward a Theory of Property Rights, in: American Economic Review, Vol.57, S.347-359.

Depner, Heiner (2006): Transnationale Direktinvestitionen und kulturelle Unterschiede, Lieferanten und Joint Ventures deutscher Automobilzulieferer in China, Bielefeld.

Desai, Mihir A.; Foley, Fritz C.; Hines, James R. (2002): International Joint Ventures and the Boundaries of the Firm, in: Harvard Working Papers, S.1-52.

Dickens, David T. (2005): Patentfamilien: Eine neue Sichtweise FamPat, die Patentfamilien-Datenbank von Questel Orbit, in: PATINFO 2005, Patentrecht, Patentrecherche und Patentanalyse - Mittel auf dem Weg zur Patentverwertung, hrsg. v. Schramm/Milde, Ilmenau, S.201-218.

Die Welt (2007): Schavan: Stammzellenforschung erleichtern, Stichtagsregeln beim Import embryonaler Zellen soll geändert werden, Ministerin geht auf Wissenschaftler zu, vom 19.10.07, S.1-2.

Dietl, Helmut (1993): Institutionen und Zeit, 1.Aufl., Tübingen.

Dietl, Helmut (1995): Institutionelle Koordination spezialisierungsbedingter wirtschaftlicher Abhängigkeit, in: Zeitschrift für Betriebswirtschaft, Vol.65, Nr.6, S.569-585.

Dietl, Helmut; Velden, Remco van der (2004): Verfügungstheorie - Property Rights, in: Handwörterbuch Unternehmensführung und Organisation, hrsg. v. Schreyögg/Werder, Stuttgart, S.1566-1572.

Dietrich, Andreas J. (2007): Informationssysteme für Mass Customization, Institutionenökonomische Analyse und Architekturentwicklung (Dissertation), Wiesbaden.

Diller, Hermann (2000): Preispolitik, 3.Aufl., Stuttgart.

Domdey, Horst (2007): Ein ausgezeichneter Ort der Ideen: 10 Jahre Münchner Biotech Cluster, http://www.bio-m.org, 13.11.2007.

Dosi, Giovanni (1988): The nature of the innovative process, in: Technical Change and Economic Theory, hrsg. v. Dosi et al., London, S.221-238.

Dosi, Giovanni; Llerena, Patrick; Labini, Mauro S. (2005): Science - Technology - Industry Links and the „European Paradox": Some Notes on the Dynamics of Scientific and Technological Research in Europe, in: LEM Working Paper, S.1-48.

DPMA (2006): Patentatlas Deutschland, Regionaldaten der Erfindungstätigkeit, München.

DPMA (2007): Deutsches Patent- und Markenamt, http://www.dpma.de/index.htm, 13.10.07.

Duff, Alistair S. (2000): Information Society Studies, London.

Duncan, R.; Weiss, A. (1976): Organizational Learning: Implications for Organizational Design, in: Research in Organizational Behavior, Vol.1, S.75-123.

Dunford, Mick (1990): Theories of Regulation, in: Environment and Planning, Vol.8, Nr.3, S.297-321.

E

Eckardt, Martina (2007): Insurance Intermediation, An Economic Analysis of the Information Services Market, Heidelberg.

Eckey, Hans-Friedrich; Kosfeld, Reinhold (2004): New Economic Geography, in: University of Kassel - Discussion Papers in Economics, Nr.65, S.1-35.

Eckey, Hans-Friedrich; Kosfeld, Reinhold; Türck, Matthias (2005): Regionale Entwicklung mit und ohne räumliche Spillover-Effekte, in: Discussion Papers in Economics, Nr.70, 2005.

Engel, Dirk; Heneric, Oliver (2005): Stimuliert der BioRegio-Wettbewerb die Bildung von Biotechnologieclustern in Deutschland?, Ergebnisse einer ökonometrischen Analyse, in: Centre for European Economic Research, Nr.05-54, S.1-35.

EPO (2007): European Patent Office, http://www.epo.org/index_de.html, 13.10.07.

Eppler, Martin J.; Mengis, Jeanne (2004): The concept of information overload: a review of literature from Organization Science, Accounting, Marketing, MIS and related disciplines, in: The Information Society, Vol.20, Nr.5, S.325-344.

Erlei, Mathias; Jost, Peter-Jürgen (2001): Theoretische Grundlagen des Transaktionskostenansatzes, in: Der Transaktionskostenansatz in der Betriebswirtschaftslehre, hrsg. v. Peter-Jürgen Jost, Stuttgart, S.35-75.

Erlei, Mathias; Leschke, Martin; Sauerland, Dirk (2007): Neue Institutionenökonomik, 2.Aufl., Stuttgart.

Ernst&Young (2007): Verhaltene Zuversicht, Deutscher Biotechnologie-Report 2007, Mannheim.

Eulgem, Stefan (1998): Die Nutzung des unternehmensinternen Wissens, Ein Beitrag aus der Perspektive der Wirtschaftsinformatik, Frankfurt.

Europäische Kommission (2000): Innovation Policy in a Knowledge-Based Economy, A merit study commissioned by the European Commission Enterprise directorate general, Brussels.

European Federation of Biotechnology (2007): Serving Biotechnologists throughout Europe, http://www.efb-central.org, 13.11.2007.

F

Faust, Michael (2000): Warum boomt die Managementberatung? Und warum nicht zu allen Zeiten und überall, in: SOFI-Mitteilungen, Nr.28, S.59-85.

Felbert, Dirk v. (1998): Wissensmanagement in der unternehmerischen Praxis, in: Wissensmanagement, Erfahrungen und Perspektiven, hrsg. v. Peter Pawlosky, Wiesbaden, S.119-141.

Felderer, Bernhard; Homburg, Stefan (2005): Makroökonomik und neue Makroökonomik, 9.Aufl., Heidelberg.

Feldman, Maryann P. (1994): Geography of Innovation, USA.

Filho, Walter L.; Greif, Dieter; Delakowitz, Bernd (2006): Sustainable Chemistry and Biotechnology - A Contribution to Rivers Management, Frankfurt.

Fischer, Frank (2005): Technologietransfer - Erwartungen der Industrie an die Fachhochschulen, in: Forschung, Entwicklung und Technologietransfer an Fachhochschulen, hrsg. v. HRK Hochschulkonferenz, Bonn, S.69-79.

Flick, Uwe (1999): Qualitative Forschung, Theorie, Methoden, Anwendung in Psychologie und Sozialwissenschaften, Hamburg.

Flick, Uwe (2007): Triangulation in der qualitativen Forschung, in: Qualitative Forschung, Ein Handbuch, hrsg. v. Flick/Kardorff/Steinke, Hamburg, S.309-318.

Flick, Uwe; Kardorff, Ernst v.; Steinke, Ines (2007): Qualitative Forschung, Ein Handbuch, Hamburg.

Foscht, Thomas; Angerer, Thomas; Swoboda, Bernhard (2007): Mixed Methods, Systematisierung von Untersuchungsdesigns, in: Qualitative Marktforschung, Konzepte, Methoden, Analysen, hrsg. v. Buber/Holzmüller, Wiesbaden, S.159-172.

Fuchs, Manfred (2006): Sozialkapital und Vertrauen in Unternehmen und der Zugriff auf Wissen in Organisationen (Dissertation), Wiesbaden.

Fujita, Masahisa (1991): Urban Economic Theory: Land Use and City Size, Cambridge.

Fujita, Masahisa; Mori, Tomoya (1997): Structural stability and evolution of urban systems, in: Regional Science and Urban Economics, Vol.27, Nr.4/5, S.399-442.

Fujita, Masahisa; Krugman, Paul; Venables, Anthony J. (2001): The Spatial Economy, Cities, Regions, and International Trade, USA.

Furubotn, Eirik G.; Pejovich, Svetozar (1972): Property Rights and Economic Theory: A Survey of Recent Literature, in: Journal of Economic Literature, Vol.10, S.1137-1162.

Furubotn, Eirik G.; Pejovich, Svetozar (1974): Introduction: The New Property Rights Literature, in: The Economics of Property Rights, hrsg. v. Furubotn/Pejovich, Cambridge, S.1-9.

G

Garbe, Christian; Menhart, Helmut; Schreiber, Stefan (2002): Chance Biotechnologie, Leitfaden für Investoren, Frankfurt.

Gassmann, Oliver; Enkel, Ellen (2006): Open Innovation, Die Öffnung des Innovationsprozesses erhöht das Innovationspotential, in: Zeitschrift für Führung und Organisation, Vol.75, S.132-138.

Gassmann, Oliver; Bader, Martin A. (2006): Patentmanagement, Innovationen erfolgreich nutzen und schützen, Heidelberg.

Gassmann, Oliver; Reepmeyer, Gerrit; Zedtwitz, Maximilian v. (2004): Leading Pharmaceutical Innovation, Trends and Drivers for Growth in the Pharmaceutical Industry, Heidelberg.

Gattai, Valeria; Molteni, Corrado (2005): Dissipation of Knowledge and the Boundaries of the Multinational Enterprise, in: ISESAO Working Papers, S.1-28.

Gerpott, Torsten J.; Böhm, Stephan (2000): Strategisches Management in virtuellen Unternehmen, in: Zeitschrift für Betriebswirtschaft, Nr.2, S.13-36.

Gläser, Jochen; Laudel, Grit (2006): Experteninterviews und qualitative Inhaltsanalyse, 2.Aufl., Wiesbaden.

Glaser, Barney G.; Strauss, Anselm L. (1967): The Discovery of Grounded Theory, Chicago.

Glückler, Johannes (2007): Economic Geography and the Evolution of Networks, in: Journal of Economic Geography, Vol.7, Nr.5, S.619-634.

Göbel, Elisabeth (2002): Neue Institutionenökonomik, Konzeption betriebswirtschaftlicher Anwendungen, Stuttgart.

Göbel, Jürgen (2007): Informationstheorie und Codierungsverfahren, Grundlagen und Anwendungen, Frankfurt.

Goldman, Steven L.; Nagel, Roger N.; Preiss, Kenneth; Warnecke, Hans-Jürgen (1996): Agil im Wettbewerb: Die Strategien der virtuellen Organisation zum Nutzen des Kunden, Berlin.

Google Maps Deutschland (2007): Martinsried, Planegg, http://maps.google.de, 23.12.2007.

Gora, Walter; Scheid, Eva Maria (2001): Organisation auf dem Weg zur Virtualität, in: Virtuelle Organisationen im Zeitalter von E-Business und E-Government, hrsg. v. Gora/Bauer, Berlin, S.9-24.

Gorz, André (2004): Wissen, Wert und Kapital, Zürich.

GPC Biotech (2007): Discover, Develop and Commercialize New Anticancer Drugs, http://www.gpc-biotech.com/en/index.html, 14.10.2007.

Grabher, Gernot (2002): Cool Projects, Boring Institutions: Temporary Collaboration in Social Context, in: Regional Studies, Vol.36, S.205-214.

Gräf, Armin (2005): München in der Krise? Projektorganisation und Wachstumsprobleme in der Film- und Fernsehproduktion - eine mehrdimensionale Clusterstudie, in: SPACES, Marburg, S.1-34.

Granovetter, Mark (1990): The Old an New Economic Sociology, A History and an Agenda, in: Beyond the Market Place, Rethinking Economy and Society, hrsg. v. Friedland/Robertson, New York, S.89-112.

Greenbaum, Stuart I. (2007): Contemporary Financial Intermediation, USA.

Greschner, Jürgen (1996): Lernfähigkeit von Unternehmen, Frankfurt.

Grossmann, Martin (2003): Entrepreneurship in Biotechnology, Managing for Growth from Start-Up to Initial Public Offering, Heidelberg.

Grotz, Reinhold; Schätzl, Ludwig (2001): Regionale Innovationsnetzwerke im internationalen Vergleich, Band 20, Münster.

Grün, Oskar; Brunner, Jean-Claude (2003): Wenn der Kunde mit anpackt: Wertschöpfung durch Co-Produktion, in: Zeitschrift Führung Organisation, Vol.73, S.87-93.

Güldenberg, Stefan (2004): Wissensmanagement und Wissenscontrolling in lernenden Organisationen, 4.Aufl., Wiesbaden.

Günterberg, Brigitte; Kayser, Gunter (2004): SMEs in Germany - Facts and Figures 2004, Bonn.

Günther, Jutta; Franz, Peter; Jindra, Björn (2007): Innovationen als Treiber der Wissensgesellschaft, Begriffserläuterungen und aktuelle Erklärungsansätze, in: Institut für Wirtschaftsforschung Halle, Vol.13, S.330-336.

Güttel, Wolfgang H. (2007): Wissenstransfer in Organisationen: Koordinationsmechanismen und Anreizsysteme als Gestaltungsparameter, in: Zeitschrift für betriebswirtschaftliche Forschung, Vol.59, S.465-486.

H

Haas, Hans-Dieter; Neumair, Simon-Martin (2006): Internationale Wirtschaft, Rahmenbedingungen, Akteure, räumliche Prozesse, München 2006.

Haas, Hans-Dieter; Neumair, Simon-Martin (2007): Wirtschaftsgeographie, Darmstadt.

Häussler, Carolin; Zademach, Hans-Martin (2007): Cluster Performance Reconsidered: Structure, Linkages and Paths in the German Biotechnology Industry, 1996-2003, in: Schmalenbach Business Review, 07/2007, S.261-281.

Hall, Robert E. (2005): The Amplification of Unemployment Fluctuations through Self-Selection, in: NBER Working Paper, Nr.11186, S.1-22.

Hammann, Peter; Erichson, Bernd (2000): Marktforschung, 4.Aufl., Stuttgart.

Hansmann, Karl-Werner; Ringle, Christian M. (2005): Wirkung einer Teilnahme an Unternehmensnetzwerken auf die strategischen Erfolgsfaktoren von Partnerunternehmen - eine empirische Untersuchung, in: Die Unternehmung, Vol.59, Nr.3, S.217-236.

Hass, Berthold H. (2002): Geschäftsmodelle von Medienunternehmen, Ökonomische Grundlagen und Veränderungen durch neue Informations- und Kommunikationssysteme (Dissertation), Wiesbaden.

Hass, Berthold H. (2003): Desintegration und Reintegration im Mediensektor, Wie sich Geschäftsmodelle durch Digitalisierung verändern, in: E-Merging Media, hrsg. v. Zerdick et al., Heidelberg, S.33-57.

Hauser, Christoph; Tappeiner, Gottfried; Walde, Janette (2007): The Learning Region: The Impact of Social Capital and Weak Ties on Innovation, in: Regional Studies, Vol.41, Nr.1, S.75-88.

Haun, Matthias (2002): Handbuch Wissensmanagement, Grundlagen und Umsetzung, Systeme und Praxisbeispiele, Heidelberg.

Haun, Matthias (2008): Handbuch Informationstechnologie, Berlin.

Hayek, Friedrich A. (1945): The Use of Knowledge in Society, in: American Economic Review, Vol.35, Nr.4, S.519-530.

Helmstädter, Ernst (1999): Arbeitsteilung und Wissensteilung - Ihre institutionenökonomische Begründung, in: Wissensteilung, Zur Dynamik von Innovation und kollektivem Lernen, hrsg. v. Brödner/Helmstädter/Widmaier, München, S.33-54.

Helmstädter, Ernst (2000): Wissensteilung, Thünen-Vorlesung bei der Jahrestagung 2000 des Vereins für Sozialpolitik, in: Perspektiven der Wirtschaftspolitik, Vol.2, Nr.4, S.445-465.

Helmstädter, Ernst (2003): The Economics of Knowledge Sharing, A New Institutional Approach, UK.

Hemer, Joachim (2006): Erfolgsfaktoren für Unternehmensausgründungen aus der Wissenschaft, Stuttgart.

Heneric, Oliver (2007): Herausforderung Biotechnologie, Eine empirische Untersuchung von staatlicher Förderung, Humankapital und Venture Capital, Baden-Baden.

Henn, Sebastian (2006): Evolution of regional clusters in nanotechnology, Empirical findings from Germany, in: MPRA Paper, Nr.2816, S.1-23.

Herrmann, Thomas; Mambrey, Peter; Shire, Karen (2003): Wissensgenese, Wissensteilung und Wissensorganisation in der Arbeitspraxis, Wiesbaden.

Hess, Thomas (2002): Netzwerkcontrolling, Instrumente und ihre Werkzeugunterstützung (Habilitation), Wiesbaden.

Hess, Thomas (2005): Content-Intermediation - Konzept und Anwendungsgebiet, in: WIM Working Papers, Vol.5, S.1-57.

Hippel, Eric v. (1986): Lead Users, A Source of novel product concepts, in: Management Science, Vol.32, S.791-805.

Hippel, Eric v. (1994): Sticky information and the locus of problem solving, in: Management Science, Vol.40, Nr.4, S.429-439.

Hippel, Eric v. (2005): Democratizing innovation, USA.

Hippel, Eric v.; Katz, Ralph (2002): Shifting innovation to users via toolkits, in: Management Science, Vol.48, Nr.7, S.821-833.

Hippner, Hajo (2001): Wissensmanagement in der Langfristprognostik, Lohmar.

Hippner, Hajo (2005): Die (R)Evolution des Customer Relationship Management, in: Marketing Zeitschrift für Forschung und Praxis, Vol.2, S.115-134.

Hippner, Hajo; Wilde, Klaus D. (2006): Grundlagen des CRM, Konzepte und Gestaltung, 2.Aufl., Wiesbaden.

Hirschman, Albert O. (1958): The Strategy of Economic Development, London.

Höld, Regina (2007): Zur Transkription von Audiodaten, in: Qualitative Marktforschung, Konzepte, Methoden, Analysen, hrsg. v. Buber/Holzmüller, Wiesbaden, S.655-668.

Hohensohn, Heidi; Jahn, Sascha (2005): Collaboration für innovative Unternehmen, Forschungsergebnisse und Blueprints aus dem Projekt VirtOweB, Köln.

Holtshouse, Dan (1998): Knowledge Research Issues, in: California Management Review, Vol.40, S.88-115.

Homann, Karl; Lütge, Christoph (2005): Einführung in die Wirtschaftsethik, 2.Aufl., Münster.

Homburg, Christian; Krohmer, Harley (2003): Marketingmanagement, Strategie, Instrumente, Umsetzung, Unternehmensführung, Wiesbaden.

Hoover, Edgar M. (1937): Location Theory and the Shoe and Leather Industries, USA.

Hopf, Christel (2007): Forschungsethik und qualitative Forschung, in: Qualitative Forschung, Ein Handbuch, hrsg. v. Flick/Kardorff/Steinke, Hamburg, S.589-600.

Howells, Jeremy R. (2002): Tacit Knowledge, Innovation and Economic Geography, in: Urban Studies, Vol.39, Nr.5/6, S.871-884.

I

Ibert, Oliver (2006): Zur Lokalisierung von Wissen durch Praxis: Die Konstitution von Orten des Lernens über Routinen, Objekte und Zirkulation, in: Geographische Zeitschrift, Vol.94, Nr.2, S.98-115.

Ibert, Oliver (2007): Towards a Geography of Knowledge Creation: The Ambivalences between "Knowledge as an Object" and "Knowing in Practice", in: Regional Studies, Vol.41, Nr.1, S.103-114.

idw (2007): Informationsdienst Wissenschaft, Industrielle weiße Biotechnologie: Große Potentiale für den Standort Deutschland, http://idw-online.de/pages/de/news215062, 29.11.2007.

IHK (2006): Biotechnologie- und Pharmastandort München 2005, München.

IZB (2007): Innovations- und Gründerzentrum Biotechnologie, ONLINE-PORTAL der Fördergesellschaft IZB mbH, http://www.izb-online.de/german_online/home.php, 13.11.2007.

J

Jacobs, Jane (1961): The death and life of great American cities, New York.

Jacobs, Jane (1969): The Economy of Cities, New York.

Jänig, Christian (2004): Wissensmanagement, Die Antwort auf die Herausforderungen der Globalisierung (Dissertation), Heidelberg.

Jahn, Sascha (2005): Wissens- und Prozessbasis für Flexible Kooperation, Master-Referenzmodellierung und domänenspezifische Konkretisierung am Beispiel des pharmazeutischen Entwicklungsprozesses (Dissertation), Paderborn.

Jensen, Michael C.; Meckling, William H. (1976): Theory of the Firm: Managerial Behavior, Agency Costs and Ownership Structure, in: Journal of Financial Economics, Vol.3, S.305-360.

Junius, Karsten (1996): Limits to Industrial Agglomeration, in: Kiel Working Paper, Nr.762, S.1-56.

Jurk, Arne Ingo (2003): Organisation virtueller Unternehmen, Eine Systematische Perspektive (Dissertation), Oldenburg.

K

Kaluza, Bernd; Blecker, Thorsten (2000): Produktions- und Logistikmanagement in Virtuellen Unternehmen und Unternehmensnetzwerken, Heidelberg.

Kantsperger, Roland (2006): Modifikation von Kundenverhalten als Kernaufgabe des CRM, in: Grundlagen des CRM, Konzepte und Gestaltung, hrsg. v. Hippner/Wilde, 2.Aufl., Wiesbaden, S.291-304.

Kaplan, Robert S.; Norton, David P. (2006): Alignment, Mit der Balanced Scorecard Synergien schaffen, Stuttgart.

Kardorff, Ernst v. (2007): Qualitative Evaluationsforschung, in: Qualitative Forschung, Ein Handbuch, hrsg. v. Flick/Kardorff/Steinke, Hamburg, S.238-250.

Karlsson, Charlie; Johansson, Börje; Stough, Roger R. (2005): Industrial Cluster and Inter-Firm Networks, Cornwall.

Kasper-Fuehrer, Eva C.; Ashkanay, Neal M. (2004): The Interorganizational Virtual Organization, in: International Studies of Management and Organization, Vol.33, Nr.4, S.34-64.

Katzig, Rainer (2007): Atmosphäre-Konzept für einen nicht repräsentationellen Zugang zum Raum, München.

Kemmner, Götz-Andreas; Gillessen, Andreas (2000): Virtuelle Unternehmen, Ein Leitfaden zum Aufbau und zur Organisation einer mittelständischen Unternehmenskooperation, 1.Aufl., Heidelberg.

Kepper, Gaby (1994): Qualitative Marktforschung, Methoden, Einsatzmöglichkeiten und Beurteilungskriterien, Wiesbaden.

Kepper, Gaby (1999): Methoden der Qualitativen Marktforschung, in: Marktforschung, Methoden, Anwendungen, Praxisbeispiele, hrsg. v. Herrmann/Homburg, Wiesbaden, S.161-202.

Kiese, Matthias (2006): Chancen und Risiken der Clusterpolitik: Implikationen für die Medienwirtschaft in Berlin, Hannover.

Kirchgässner, Gebhard (2000): Homo Oeconomicus, 2.Aufl., Tübingen.

Kirchhoff, Sabine; Kuhnt, Sonja; Lipp, Peter; Schlawin, Siegfried (2006): Der Fragebogen, Datenbasis, Konstruktion und Auswertung, 3.Aufl., Wiesbaden.

Kirsch, Werner (2001): Die Führung von Unternehmen, 5.Aufl., München.

Klein, Stefan (1994): Virtuelle Organisation, in: Wirtschaftswissenschaftliches Studium, Vol.23, Nr.6, S.309-311.

Kleinaltenkamp, Michael (1997): Interaktivität als Kern einer umfassenden Leistungslehre, in: Marktleistung und Wettbewerb, hrsg. v. Backhaus et al., Wiesbaden, S.83-114.

Klimant, Herbert; Piotraschke, Rudi; Schönfeld, Dagmar (2006): Informations- und Kodierungstheorie, 3.Aufl., Wiesbaden.

Klinikum Großhadern (2007): Das Klinikum der Universität München Großhadern/Innenstadt, http://www.klinikum.uni-muenchen.de/de/www/historie.php, 13.11.2007.

Kloyer, Martin (2005): Opportunismus und Institutionen in vertikalen Innovationskooperationen, in: Institutionenökonomik als Managementlehre, Managementforschung 15, hrsg. v. Schauenberg/ Schreyögg/Sydow, Wiesbaden, S.283-326.

Knoblauch, Hubert (2007): Zukunft und Perspektiven qualitativer Forschung, in: Qualitative Forschung, Ein Handbuch, hrsg. v. Flick/Kardorff/Steinke, Hamburg, S.623-632.

Knyphausen-Aufseß, Dodo zu; Schweizer, Lars (2003): Kooperationen in der Biotechnologie, in: Kooperationen, Allianzen und Netzwerke, Grundlagen, Ansätze, Perspektiven, hrsg. v. Zentes/ Swoboda/Morschett, Wiesbaden, S.1111-1131.

Koch, Jochen (2005): Markt und Organisation? - Eine Dekonstruktion, Zum Verhältnis von Transaktionskostenansatz und Organisationsforschung jenseits von Opportunismusbehauptung und Opportunismusvorwurf, in: Institutionenökonomik als Managementlehre, Managementforschung 15, hrsg. v. Schauenberg/Schreyögg/Sydow, Wiesbaden, S.185-227.

Komar, Walter (2006): Kooperationsverhalten, Vernetzung und einzelwirtschaftliche Effekte von Unternehmen der Kunststoff- und Biotechnologiebranche in Mitteldeutschland, Halle.

Kortzfleisch, Harald F. O. v. (2005): Wissensorientierte Prozessvirtualisierung in der Biotechnologiebranche, Eine Materialsammlung zu den Forschungsaktivitäten und -ergebnissen des VirtOweB-Projektes, Köln.

Kortzfleisch, Harald F. O. v.; Szyperski, Norbert; Thomé, Ulrich (2005): Strategien und Anwendungsszenarien der Virtualisierung für Unternehmungen der Biotechnologiebranche, in: Wissensorientierte Prozessvirtualisierung in der Biotechnologiebranche, Eine Materialsammlung zu den Forschungsaktivitäten und -ergebnissen des VirtOweB-Projektes, hrsg. v. Harald F. O. v. Kortzfleisch, Köln, S.51-74.

Koschatzky, Knut (2001): Räumliche Aspekte im Innovationsprozess, Ein Beitrag zur neuen Wirtschaftsgeographie aus Sicht der regionalen Innovationsforschung, Band 19, Münster.

Koschatzky, Knut; Lo, Vivien (2007): Promotion regional networking and cluster formation in East Germany: a chance for setting up new regional growth regimes in an economically volatile environment?, in: Entrepreneurship and Innovation Management, Vol.7, Nr.2/3/4/5, S.462-481.

Kotler, Philip; Keller, Kevin L.; Bliemel, Friedhelm (2007): Marketing-Management, Strategien für wertschaffendes Handeln, 12.Aufl., München.

Kowal, Sabine; O`Connell, Daniel C. (2007): Zur Transkription von Gesprächen, in: Qualitative Marktforschung, Konzepte, Methoden, Analysen, hrsg. v. Buber/Holzmüller, Wiesbaden, S.437-447.

Krätke, Stefan (2005): Wissensintensive Wirtschaftsaktivitäten im Regionalsystem der Bundesrepublik Deutschland: Clusterpotenziale und Beiträge zur regionalen Wirtschaftsleistung, in: Knoten im Netz, Zur Rolle der Metropolregionen in der Dienstleistungswirtschaft und Wissensökonomie, hrsg. v. Hans Kujath, Münster, S.159-201.

Kraus, Jörg (2005): Situationen im Aufbau von Verwertungsstrukturen, in: Verwertungsnetzwerke, Eine Perspektive für den Technologietransfer, hrsg. v. Asche et al., Münster, S.47-73.

Kraus, Michael (2007): Der Bayerische Biotechnologie Cluster, Das integrierte Kommunikationssystem ICS, http://www.bio-m.org, 29.11.2007.

Krieger-Boden, Christiane (1995): Die räumliche Dimension in der Wirtschaftstheorie, Ältere und neuere Erklärungsansätze, Kiel.

Krogh, Georg v. (1998): Care in Knowledge Creation, in: California Management Review, Vol.40, S.133-153.

Krogh, Georg v.; Venzin, Markus (1995): Anhaltende Wettbewerbsvorteile durch Wissensmanagement, in: Die Unternehmung, Vol.49, Nr.6, S.117-135.

Krogh, Georg v.; Köhne, Marija (1998): Der Wissenstransfer in Unternehmen, Phasen des Wissenstransfers und wichtige Einflussfaktoren, in: Die Unternehmung, Vol.52, S.235-252.

Krugman, Paul R. (1991): Geography and Trade, London.

Küll, Oliver (2004): Intermediation im internetinduzierten Wandel (Dissertation), Berlin.

Küpper, Hans-Ulrich (2006): Unternehmensethik, Hintergründe, Konzepte, Anwendungsbereiche, Stuttgart.

Kuhlen, Rainer (1999): Die Transformation personaler Informationsassistenten in technische Informationsassistenten, in: Perspektiven der Medienwirtschaft, Kompetenz, Akzeptanz, Geschäftsfelder, hrsg. v. Norbert Szyperski, Köln, S.109-124.

Kujath, Hans (2005): Knoten im Netz, Zur Rolle der Metropolregionen in der Dienstleistungswirtschaft und Wissensökonomie, Münster.

Kuß, Alfred (2004): Marktforschung, Grundlagen der Datenerhebung und -analyse, Wiesbaden.

Kutschker, Michael; Schmid, Stefan (2005): Internationales Management, 4.Aufl., München.

L

Lammers, Konrad; Stiller, Silvia (2000): Regionalpolitische Implikationen der Neuen Ökonomischen Geographie, in: HWWA, Heft 85, S.5-28.

Lamnek, Siegfried (1995): Qualitative Sozialforschung, 3.Aufl., Weinheim.

Lechner, Christian; Dowling, Michael (1999): The Evolution of Industrial Districts and Regional Networks: The Case of the Biotechnology Region Munich/Martinsried, in: Journal of Management and Governance, Vol.3, S.309-338.

Legewie, Heiner (1994): Globalauswertung von Dokumenten, in: Texte verstehen, Konzepte, Methoden, Werkzeuge, hrsg. v. Böhm/Mengel/Muhr, Konstanz, S.177-182.

Leineweber, Britta; Schätzl, Ludwig (2003): Vernetzung und Kooperation von Unternehmensgründungen: Regionalwirtschaftliche Effekte im Fokus, in: Gründung von Technologieunternehmen, Merkmale, Erfolg, empirische Ergebnisse, hrsg. v. Steinle/Schumann, Wiesbaden, S.261-284.

Liefner, Ingo (2006): Ausländische Direktinvestitionen und internationaler Wissenstransfer nach China: untersucht am Beispiel von Hightech-Unternehmen in Shanghai und Beijing, Hannover.

Linde, Claas van der (2003): The Demography of Clusters - Findings from the Cluster Meta-Study, in: Innovation Clusters and interregional Competition, hrsg. v. Bröcker/Dohse/Soltwedel, New York, S.130-149.

Linde, Claas van der (2005): Cluster und regionale Wettbewerbsfähigkeit, Wie Cluster entstehen, wirken und aufgewertet werden, in: Cluster und Wettbewerbsfähigkeit von Regionen, Erfolgsfaktoren regionaler Wirtschaftsentwicklung, hrsg. v. Cernavin et al., Berlin, S.35-76.

LMU (2007): LMU-Spin-off-Unternehmen, http://www.uni-muenchen.de/forschung/wiss_transfer/gruenderbuero/netzwerk/spinoff/index.html, 23.11.2007.

Lo, Vivien; Schamp, Eike W. (2003): Knowledge, Learning, and Regional Development, Band 24, London.

Loasby, Brian J. (2001): The Evolution of Knowledge, in: DRUID Summer 2001 Conference 12-15 June, Alborg, Denmark, S.1-19.

Lösch, August (1944): Die räumliche Ordnung der Wirtschaft, 2.Aufl., Jena.

Loisel, Oliver (2006): Innovation in der Wissensökonomie, Der Schutz geistigen Eigentums als ein bedeutender Treiber von Wirtschaftswachstum und Standortattraktivität, Wien.

Lorenzen, Mark (2005): Knowledge and geography, in: Industry and Innovation, Vol.12, S.399-407.

Lorenzen, Mark; Maskell, Peter (2003): The Cluster as Market Organization, DRUID Working Paper, Nr.03-14, S.1-26.

Loubaresse, Elodie (2007): How Does Context Influence Broker Role in Industrial Clusters?, An Analysis in Terms of Embeddedness, in: DRUID Summer Conference 2007 on Appropriability, Proximity, Routines and Innovation, S.1-25.

Lueger, Manfred (2007): Grounded Theory, in: Qualitative Marktforschung, Konzepte, Methoden, Analysen, hrsg. v. Buber/Holzmüller, Wiesbaden, S.189-205.

Lundvall, Bengt-Ake (1988): Innovation as an interactive process: from user-producer Interaction to the national system of innovation, in: Technical Chance and Economic Theory, hrsg. v. Dosi et al., London, S.349-369.

Lundvall, Bengt-Ake; Johnson Björn (1994): The Learning Economy, in: Journal of Industry Studies, Vol.1, Nr.2, S.23-42.

Luo, Yadong (2007): A coopetition perspective of global competition, in: Journal of World Business, Vol.42, Nr.2, S.129-144.

M

Malmberg, Anders; Maskell, Peter (2001): The Elusive Concept of Localization Economies, Towards a Knowledge-based Theory of Spatial Clustering, in: Environment and Planning, Vol.34, Nr.3, S.429-449.

Malone, Thomas W.; Yates, Joanne; Bejamin, Robert (1987): Electronic markets and electronic hierarchies, in: Communications of the ACM, Vol.30, Nr.6, S.484-497.

Marshall, Alfred (1920): Principles of Economics, USA.

Martin, Ron; Sunley, Peter (1996): Paul Krugman`s Geographical Economics and Its Implications for Regional Development Theory: A Critical Assessment, in: Economic Geography, Vol.74, S.259-292.

Martin, Ron; Sunley, Peter (2003): Deconstructing clusters: chaotic concept or policy panacea?, in: Journal of Economic Geography, Vol.3, Nr.1, S.5-35.

Maskell, Peter; Kebir, Leila (2005): What qualifies as a cluster theory?, in: Danish Research Unit for Industrial Dynamics, S.1-19.

Maskell, Peter; Malmberg, Anders (2007): Myopia, knowledge development and cluster evolution, in: Journal of Economic Geography, Vol.7, S.603-618.

Matthiesen, Ulf (2004): Wissen in Stadtregionen, Forschungsresultate und Streitfragen, Orientierungswissen und Handlungsoptionen, in: Stadtregion und Wissen, Analysen und Plädoyers für eine wissensbasierte Stadtpolitik, hrsg. v. Ulf Matthiesen, Wiesbaden, S.11-28.

Matthiesen, Ulf; Reutter, Gerhard (2003): Lernende Region - Mythos oder lebendige Praxis?, Bielefeld.

Maurer, Indre (2003): Soziales Kapital als Erfolgsfaktor junger Unternehmen, Eine Analyse der Gestaltung und Entwicklungsdynamik der Netzwerke von Biotechnologie Start-Ups, Wiesbaden.

Mayer, Horst O. (2006): Interview und schriftliche Befragung, Entwicklung, Durchführung und Auswertung, 3.Aufl., München.

Mayring, Philipp (1989): Qualitative Inhaltsanalyse, in: Qualitative Forschung in der Psychologie, hrsg. v. Gerd Jüttemann, Heidelberg, S.187-211.

Mayring, Philipp (2007): Qualitative Inhaltsanalyse, Grundlagen und Techniken, 9.Aufl., Weinheim.

McCann, Philip; Simonen, Jaakko (2005): Innovation, knowledge spillovers and local labour markets, in: Papers in Regional Science, Vol.84, Nr.3, S.465-485.

MediGene (2007): Drugs for the market, http://www.medigene.de/deutsch/index_deutsch.php, 14.10.2007.

Meffert, Heribert; Bruhn, Manfred (2006): Dienstleistungsmarketing, Grundlagen, Konzepte, Methoden, Mit Fallstudien, 5.Aufl., Wiesbaden.

Meier-Kruker, Verena; Rauh, Jürgen (2005): Arbeitsmethoden der Humangeographie, Darmstadt.

Menzel, Max-Peter (2003): Der Einfluss von Unternehmensgründungen auf einen entstehenden regionalen Cluster: Das Beispiel Bioinstrumente in Jena, Bayreuth.

Mertens, Peter; Griese, Joachim; Ehrenberg, Dieter (1998): Virtuelle Unternehmen und Informationsverarbeitung, Berlin.

Mertins, Kai; Alwert, Kay; Heisig, Peter (2005): Wissensbilanzen, Intellektuelles Kapital erfolgreich nutzen und entwickeln, Heidelberg.

Meuser, Michael; Nagel, Ulrike (1991): ExpertInneninterviews - vielfach erprobt, wenig bedacht, Ein Beitrag zur qualitativen Methodendiskussion, in: Qualitativ - empirische Sozialforschung, Konzepte, Methoden, Analysen, hrsg. v. Garz/Kraimer, Wiesbaden, S.441-468.

Meuser, Michael; Nagel, Ulrike (2003): Das ExpertInneninterview, Wissenssoziologische Voraussetzungen und methodische Durchführung, in: Handbuch Qualitative Forschungsmethoden in der Erziehungswissenschaft, hrsg. v. Friebertshäuser/Prengel, München, S.481-491.

Meuser, Michael; Nagel, Ulrike (2005a): ExpertInneninterviews - vielfach erprobt, wenig bedacht, Ein Beitrag zur qualitativen Methodendiskussion, in: Das Experteninterview, Theorie, Methode, Anwendung, hrsg. v. Bogner/Littig/Menz, 2.Aufl., Wiesbaden, S.71-93.

Meuser, Michael; Nagel, Ulrike (2005b): Vom Nutzen der Expertise, Experteninterviews in der Sozialberichterstattung, in: Das Experteninterview, Theorie, Methode, Anwendung, hrsg. v. Bogner/Littig/ Menz, 2.Aufl., Wiesbaden, S.257-272.

Meyer, Anton (1994): Abschied vom Marketing-Mix- und Ressortdenken?, in: Absatzwirtschaft, Vol.10, S.102-106.

Meyer, Anton; Blümelhuber, Christian (1998): Dienstleistungs-Innovation, in: Handbuch Dienstleistungs-Marketing Band 1, hrsg. v. Anton Meyer, Stuttgart, S.808-826.

Meyer, Anton; Davidson, Hugh J. (2001): Offensives Marketing, Gewinnen mit POISE: Märkte gestalten - Potentiale nutzen, Planegg.

Meyer, Margit; Arnold, Evelin; Emes, Jutta (2003): Wettbewerb und Kooperation in Branchenclustern: Analyse der medizintechnischen Industrie im Medical Valley, in: Kooperationen, Allianzen und Netzwerke, Grundlagen, Ansätze, Perspektiven, hrsg. v. Zentes/Swoboda/Morschett, Wiesbaden, S.1133-1158.

Miles, Nicholas; Tully, Janet (2007): Regional Development Agency Policy to Tackle Economic Exclusion? The Role of Social Capital in Distressed Communities, in: Regional Studies, Vol.41, Nr.6, S.855-866.

Moldaschl, Manfred; Stehr, Nico (2007): Knowledge Economy, Marburg.

Morgan, Kevin (2001): The exaggerated death of geography: Localised Learning, Innovation and Uneven Development, in: The Eindhoven Centre for Innovation Studies, S.1-33.

Morgan, Kevin (2004): The exaggerated death of geography: learning, proximity and territorial innovation systems, in: Journal of Economic Geography, Vol.4, Nr.1, S.3-21.

MorphoSys (2007): Engineering the Medicines of Tomorrow, http://www.morphosys.com/en, 14.10.2007.

Morrison, Andrea; Rabellotti, Roberta (2005): Inside the Black Box of Industrial Atmosphere, Knowledge and Information Networks in an Italian wine local system, in: CESPRI Working Papers, Nr.174, S.1-41.

Mossig, Ivo (2004): Standort und Produktionssystem in den Medienclustern München und Köln, Das Beispiel der Produktion von TV-Sendungen, Studien zur Wirtschaftsgeographie, Gießen.

Mossig, Ivo (2006): Netzwerke der Kulturökonomie, Lokale Knoten und globale Verflechtungen der Film- und Fernsehindustrie in Deutschland und den USA, Bielefeld.

MPG (2002): Max-Planck-Gesellschaft, Leitlinien für den Wissens- und Technologie-Transfer, München.

MPG (2007): Max-Planck-Gesellschaft, Forschen für die Zukunft, http://www.mpg.de, 15.10.07.

MPI (2007): Max-Planck-Innovation, Connecting Science and Business, http://www.max-planck-innovation.de/de/index.php, 15.10.07.

MPI für Biochemie (2007): The Max Planck Institute of Biochemistry in Martinsried near Munich, http://www.biochem.mpg.de/en/index.html, 13.11.2007.

Mühlfeld, Claus; Windolf, Paul; Lampert, Norbert; Krüger, Heidi (1981): Auswertungsprobleme offener Interviews, in: Soziale Welt, Vol.32, S.325-352.

Müller, Thomas (1997): Virtuelle Organisation, Konzept, Theoriebasis, Möglichkeiten und Grenzen, Konstanz.

Myrdal, Gunnar (1957): Economic Theory and Underdeveloped Regions, London.

N

Naderer, Gabriele; Balzer, Eva (2007): Qualitative Marktforschung in Theorie und Praxis, Grundlagen, Methoden und Anwendungen, Wiesbaden.

Neubauer, André (2006): Informationstheorie und Quellencodierung, Eine Einführung für Ingenieure, Informatiker und Naturwissenschaftler, Wilburgstetten.

Neumann, Robert (2000): Die Organisation als Ordnung des Wissens, Wissensmanagement im Spannungsfeld von Anspruch und Realisierbarkeit, Wiesbaden.

Nonaka, Ikujiro; Takeuchi, Hirotaka (1995): The Knowledge-Creating Company, How Japanese Companies Create the Dynamics of Innovation, New York.

Nonaka, Ikujiro; Takeuchi, Hirotaka (1997): Die Organisation des Wissens, Wie japanische Unternehmen eine brachliegende Ressource nutzbar machen, Frankfurt.

North, Klaus (2005): Wissensorientierte Unternehmensführung, Wertschöpfung durch Wissen, 4.Aufl., Wiesbaden.

Novy, Andreas; Trippl, Michaela (2007): Wissensökonomie, http://www.oeku.net/cp/wissen/wissen-12.html, 12.10.07.

O

Oberschulte, Hans (1994): Organisatorische Intelligenz: Ein integrativer Ansatz des organisationalen Lernens, München.

Ohlhausen, Peter; Schloen, Tim; Ehrich, Hartmut (2003): vr-Wissen - Wissensmanagement im genossenschaftlichen Finanzverbund, in: Mensch & Computer 2003: Interaktion in Bewegung, hrsg. v. Szwillus/Ziegler, Stuttgart, S.239-246.

Ohlin, Bertil G. (1933): Interregional and International Trade, USA.

P

Pancras, Joseph; Sudhir, K. (2007): Optimal Marketing Strategies for a Customer Data Intermediary, in: Journal of Marketing Research, Vol.44, S.560-578.

Patermann, Christian (2007): Potenziale der Weißen Biotechnologie in Deutschland, Chancen und Herausforderungen im Internationalen Vergleich, in: GoingPublic, Vol.9, S.112-113.

Patzelt, Holger (2005): Bioentrepreneurship in Germany, Industry Development, M&As, Strategic Alliances, Crisis Management, and Venture Capital Financing (Dissertation), Bamberg.

Pautzke, Gunnar (1989): Die Evolution der organisatorischen Wissensbasis, Herrsching.

Perridon, Louis; Steiner, Manfred (2003): Finanzwirtschaft der Unternehmung, 12.Aufl., München.

Perroux, Francois (1950): Economic Space: theory and applications, in: Quarterly Journal of Economics, Vol.64, Nr.1, S.89-104.

Pfadenhauer, Michaela (2007): Das Experteninterview, Ein Gespräch auf gleicher Augenhöhe, in: Qualitative Marktforschung, Konzepte, Methoden, Analysen, hrsg. v. Buber/Holzmüller, Wiesbaden, S.449-461.

Picot, Arnold; Neuburger, Rahild (1995): Agency Theorie und Führung, in: Handwörterbuch der Führung, hrsg. v. Kieser et al., 2.Aufl., Stuttgart, S.14-21.

Picot, Arnold; Ripperger, Tanja; Wolff, Birgitta (1996): The Fading Boundaries of the Firm: The Role of Information and Communication Technology, in: JITE, Vol.152, Nr.1, S.65-79.

Picot, Arnold; Reichwald, Ralf; Wigand, Rolf T. (2003): Die grenzenlose Unternehmung, Information, Organisation und Management, 5.Aufl., Wiesbaden.

Picot, Arnold; Dietl, Helmut; Franck, Egon (2005): Organisation, Eine ökonomische Perspektive, 4.Aufl., Stuttgart.

Pieper, Joachim (2006): Vertrauen in Wertschöpfungspartnerschaften, Eine Analyse aus Sicht der Neuen Institutionenökonomie, Wiesbaden.

Pietsch, Gotthard (2005): Institutionenökonomik jenseits des Opportunismus: Forschungsprogramm statt Utopie, in: Institutionenökonomik als Managementlehre?, hrsg. v. Schauenberg/Schreyögg/Sydow, Wiesbaden, S.1-44.

Piller, Frank (2006): Mass Customization, 4.Aufl., Wiesbaden.

Planungsverband (2007): Rahmenplanung für den Ortsteil Martinsried, Gemeinde Planegg, München.

Polanyi, Michael (1967): The Tacit Dimension, New York.

Polanyi, Michael (1985): Implizites Wissen, 1.Aufl., Frankfurt.

Porter, Michael E. (1991): Nationale Wettbewerbsvorteile, Erfolgreich konkurrieren auf dem Weltmarkt, München.

Porter, Michael E. (1999a): Wettbewerb und Strategien, München.

Porter, Michael E. (1999b): Unternehmen können von regionaler Vernetzung profitieren, in: Harvard Business Manager, Vol.21, Nr.3, S.51-63.

Porter, Michael E. (2000): Locations, Clusters and Company Strategy, in: The Oxford Handbook of Economic Geography, hrsg. v. Clark/Feldman/Gertler, New York, S.253-274.

Porter, Michael E. (2002): Mehr Kunst als Wissenschaft, in: McK Wissen, Vol.1, S.20-25.

Powell, Walter W. (1998): Learning from collaborations: Knowledge and networks in the biotechnology and pharmaceutical industries, in: California Management Review, Vol.40, S.228-240.

Powell, Walter W.; Koput, Kenneth; Bowie, James; Smith-Doerr, Laurel (2002): The spatial clustering of science and capital: Accounting for biotech firm-venture capital relationships, in: Regional Studies, Vol.36, S.291-305.

Pratt, John W.; Zeckhauser, Richard J. (1985): Principals and Agents, The Structure of Business, Boston.

Press, Kerstin (2006): A Life Cycle for Clusters?, The Dynamics of Agglomeration, Change, and Adaptation, Heidelberg.

Probst, Gilbert; Büchel, Bettina (1994): Organisationales Lernen, Wiesbaden.

Probst, Gilbert; Raub, Steffen; Romhardt, Kai (2006): Wissen managen, Wie Unternehmen ihre wertvollste Ressource optimal nutzen, 5.Aufl., Wiesbaden.

Putnik, Goran D.; Cunha, Maria Manuela (2005): Virtual Enterprise Integration, Technological and Organizational Perspectives, UK.

R

Rank, Olaf N. (2002): Interorganisationale Netzwerkstrukturen zwischen KMUs in der New Economy: Eine netzwerkanalytische Untersuchung am Beispiel der Biotechnologie-Branche, in: New Economy in kleinen und mittleren Unternehmen, Jahrbuch der KMU-Forschung 2002, hrsg. v. Jörn-Axel Meyer, München, S.259-275.

Rank, Charlotte C.; Rank, Olaf N.; Wald, Andreas (2006): Integrated Versus Core-Periphery Structures in Regional Biotechnology Networks, in: European Management Journal, Vol.24, Nr.1, S.73-85.

Rank, Charlotte C.; Rank, Olaf N.; Wald, Andreas (2005): Netzwerke in der Biotechnologie, Eine empirische Analyse des interorganisationalen Informations- und Wissenstransfers, in: Zeitschrift für betriebswirtschaftliche Forschung, Vol.57, S.617-634.

Rauh, Michael T. (2007): Incentives, Solidarity, and the Division of Labor, in: Indiana University Working Papers, Nr.15, S.1-30.

Rehäuser, Jakob; Krcmar, Helmut (1996): Wissensmanagement im Unternehmen, in: Managementforschung 6, Wissensmanagement, hrsg. v. Schreyögg/Conrad, Wiesbaden, S.1-40.

Reichwald, Ralf; Möslein, Kathrin (1997): Chancen und Herausforderungen für neue unternehmerische Strukturen und Handlungsspielräume in der Informationsgesellschaft, in: Telekooperation und virtuelle Unternehmen, hrsg. v. Arnold Picot, Band 9, Heidelberg, S.1-37.

Reichwald, Ralf; Piller, Frank (2006): Interaktive Wertschöpfung, Open Innovation, Individualisierung und neue Formen der Arbeitsteilung, Wiesbaden.

Reihlen, Markus; Veit, Andreas (2006): Unternehmensberatung aus institutionalistischer Sicht: Strategien zur Entwicklung und Erhaltung institutionellen Kapitals, in: Internationalisierung professioneller Dienstleistungsunternehmen, hrsg. v. Rheilen/Rohde, Köln, S.49-78.

Reinhard, Michael (2000): Absorptionsfähigkeit der Unternehmen, in: Wissens- und Technologietransfer in Deutschland, hrsg. v. Schmoch/Licht/Reinhard, Stuttgart, S.243-258.

Reiß, Thomas; Koschatzky, Knut (1997): Biotechnologie, Unternehmen, Innovationen, Förderinstrumente, Heidelberg.

Reiß, Thomas; Schmoch, Ulrich; Schubert, Torben; Rammer, Christian; Heneric, Oliver (2007): Aussichtsreiche Zukunftsfelder der Biotechnologie, Neue Ansätze der Technologievorausschau, Stuttgart.

Richardson, Harry W. (1973): Regional Growth Theory, London.

Richter, Rudolf; Furubotn, Eirik G. (2003): Neue Institutionenökonomik, Eine Einführung und kritische Würdigung, 3.Aufl., Tübingen.

Ringle, Christian Marc (2004): Kooperation in Virtuellen Unternehmungen, Auswirkungen auf die strategischen Erfolgsfaktoren der Partnerunternehmen (Dissertation), Wiesbaden.

Rösch, Andreas (2000): Kreative Milieus als Faktoren der Regionalentwicklung, in: Raumforschung und Raumordnung, Heft 2/3, S.161-172.

Romer, Paul M. (1990): Endogenous Technological Change, in: Journal of Political Economy, Vol.98, S.71-102.

Roos, Michael (2002): Ökonomische Agglomerationstheorien, Die Neue Ökonomische Geographie im Kontext (Dissertation), Köln.

Rose, Frank (1999): The Economics, Concept, and Design of Information Intermediaries (Dissertation), New York.

Rosiello, Alessandro (2007): The Geography of Knowledge Transfer and Innovation in Biotechnology: The Cases of Scotland, Sweden and Denmark, in: European Planning Studies, Vol.15, Nr.6, S.787-815.

Ross, William T.; Robertson, Diana C. (2007): Compound Relationships Between Firms, in: Journal of Marketing, Vol.71, S.108-123.

S

Sackmann, Sonja A. (1992): Culture and Subcultures: An Analysis of Organizational Knowledge, in: Administrative Science Quarterly, Vol.37, Nr.1, S.140-161.

Salanié, Bernard (2005): The Economics of Contracts, 2.Aufl., USA.

Salazar, Angel J.; Sawyer, Steve (2007): Handbook of Information Technology in Organizations and Electronic Markets, UK.

Sattler, Henrik; Nitschke, Thomas (2003): Ein empirischer Vergleich von Instrumenten zur Erhebung von Zahlungsbereitschaften, in: Zeitschrift für betriebswirtschaftliche Forschung, Vol.55, S.364-381.

Saxenian, AnnaLee (2000): Regional Networks and Innovation in Silicon Valley and Route 128, in: Regional Innovation, Knowledge and Global Change, hrsg. v. Zoltan J. Acs, London, S.123-137.

Schäfer, Erik (2003): Inhaber- und Verwertungsrechte an den Ergebnissen von Entwicklungs-/Forschungs-Kooperationen, in: Forschungs- und Entwicklungsverträge in Wissenschaft und Technik, hrsg. v. Fritz Nicklisch, München, S.59-77.

Schätzl, Ludwig (2003): Wirtschaftsgeographie 1, Theorie, 9.Aufl., München.

Schamp, Eike W. (2000): Vernetzte Produktion: Industriegeographie aus institutioneller Perspektive, Darmstadt.

Schamp, Eike W.; Lo, Vivien (2000): Vernetzte Produktion: Industriegeographie aus institutioneller Perspektive, Darmstadt.

Schauenberg, Bernd; Schreyögg, Georg; Sydow, Jörg (2005): Institutionenökonomik als Managementlehre?, Managementforschung 15, Wiesbaden.

Scheff, Josef (2001): Learning Regions, Regional Networks as an Answer to Global Challenges, Frankfurt am Main.

Scheuble, Sven (1998): Wissen und Wissenssurrogate, Ein Ansatz zu einer Theorie der Unternehmung (Dissertation), Wiesbaden.

Scheve, Pierre; Strina, Giuseppe; Elfert, Maike (2003): Das Konzept "Virtuelles Unternehmen" als Kooperationsform für Mikrounternehmen, Mülheim.

Schimmel, André (2002): Wissen und der Umgang mit Wissen in Organisationen, Versuch einer Systematisierung nach Arten des Wissens, Trägern des Wissens und Prozessen des Umgangs mit Wissen im Rahmen einer wissensorientierten Unternehmensführung (Dissertation), Dresden.

Schmickl, Christina (2006): Organisationales Lernen in Innovationssystemen, Eine empirische Analyse der Entstehung und Umsetzung von Wissen (Dissertation), Marburg.

Schmidt, Jan; Mayer, Florian (2007): Wer nutzt Weblogs für kollaborative Lern- und Wissensprozesse?, Ergebnisse der Befragung „Wie ich blogge?!" 2005, in: Online-Communities als soziale Systeme, Wikis, Weblogs und Social Software im E-Learning, hrsg. v. Dittler et al., Münster, S.61-80.

Schmitt-Bender (2005): www.patentwarehouse.com - Recherche und Patentmonitoring für alle Ansprüche, in: PATINFO 2005, Patentrecht, Patentrecherche und Patentanalyse - Mittel auf dem Weg zur Patentverwertung, hrsg. v. Schramm/Milde, Ilmenau, S.285-298.

Schnell, Rainer; Hill, Paul; Esser, Elke (2005): Methoden der empirischen Sozialforschung, 7.Aufl., München.

Schnettler, Josef; Wendt, Gero (2006): Marketing und Marktforschung, Lehr- und Arbeitsbuch für die Aus- und Weiterbildung, Berlin.

Schoder, Detlef; Müller, Günter (1999): Disintermediation versus Intermediation auf elektronischen Märkten am Beispiel 'Trusted Third Parties' - Eine empirisch gestützte Einschätzung, in: Kooperation im Wettbewerb - Neue Formen und Gestaltungskonzepte im Zeichen von Globalisierung und Informationstechnologie, hrsg. v. Engelhard/Sinz, Wiesbaden, S.609-619.

Scholz, Christian (1994): Die virtuelle Organisation als Strukturkonzept der Zukunft?, 1.Aufl., Saarbrücken.

Scholz, Christian (1997): Strategische Organisation, Prinzipien zur Vitalisierung und Virtualisierung, München.

Schräder, Andreas (1996): Management virtueller Unternehmungen: Organisatorische Konzeption und informationstechnische Unterstützung flexibler Allianzen (Dissertation), Frankfurt.

Schreyögg, Georg; Geiger, Daniel (2003): Wenn alles Wissen ist, ist Wissen am Ende nichts?!, Vorschläge zur Neuorientierung des Wissensmanagements, in: DBW, Vol.63, Nr.1, S.7-22.

Schuh, Günther; Eisen, Stephan; Friedli, Thomas (1998): Business Networks - Flexibilität im turbulenten Umfeld, in: HMD, Vol.200, S.25-39.

Schulte, Bernd A. (1996): Organisation mobiler Arbeit, Koordinations- und Motivationsaspekte beim Einsatz mobiler Informations- und Kommunikationstechnologien, München.

Schumpeter, Josef A. (1908): Das Wesen und der Hauptinhalt der theoretischen Nationalökonomie, Leipzig.

Schwinger, Doreen; Wäscher, Gerhard (2006): Reif für das virtuelle Unternehmen?, in: Zeitschrift für betriebswirtschaftliche Forschung, Vol.58, S.390-424.

Seidel, Martin (2003): Die Bereitschaft zur Wissensteilung, Rahmenbedingungen für ein wissensorientiertes Management (Dissertation), Wiesbaden.

Senge, P.M.; Roberts, C.; Ross, R.; Smith, B.; Roth, G.; Kleiner A. (1999): The Dance of Change, New York.

Shimer, Robert (2005): The Cyclical Behavior of Equilibrium Unemployment and Vacancies, in: American Economic Review, Vol.95, S.25-49.

Sieber, Pascal (1999): Virtualität als Kernkompetenz von Unternehmen, in: Die Unternehmung, Vol.53, Nr.4, S.243-265.

Siebert, Holger (2006): Ökonomische Analyse von Unternehmensnetzwerken, in: Management von Netzwerkorganisationen, Beiträge aus der „Managementforschung", hrsg. v. Jörg Sydow, 4.Aufl., Wiesbaden, S.8-27.

Siebert, Horst (1970): Regionales Wirtschaftswachstum und interregionale Mobilität, Tübingen.

Silva, Mário A.; Teixeira, Aurora A. C. (2005): A Model of the Learning Process with Local Knowledge Externalities Illustrated with an Integrated Graphical Framework, in: FEP Working Papers, Nr.179, S.1-21.

Simmie, James (1997): Innovation, Networks and Learning Regions?, UK.

Simmie, James (2005): Innovation and space: a critical review of literature, in: Regional Studies, Vol.39, S.789-804.

Simon, Herbert A. (1957): Models of Man, Social and Rational, Mathematical Essays on Relational Human Behavior in a Social Setting, New York.

Spelsiek, Jan (2005): Motivationsorientierte Steuerung des Wissenstransferverhaltens, Modellierung, empirische Analyse und Anreizsystemgestaltung (Dissertation), Wiesbaden.

Spremann, Klaus (1989): Agent and Principal, in: Agency Theory, Information, and Incentives, hrsg. v. Bamberg/Spremann, Berlin, S.3-37.

Spremann, Klaus (1990): Asymmetrische Information, in: Zeitschrift für Betriebswirtschaft, Vol.60, S.561-586.

Spulber, Daniel F. (1996): Market Microstructure and Intermediation, in: Journal of Economic Perspectives, Vol.10, Nr.3, S.135-152.

Stadlbauer, Florian; Wilde, Thomas; Hess, Thomas (2007): Management in mittelständischen Unternehmensnetzwerken - eine empirische Untersuchung, in: Zeitschrift für Betriebswirtschaft, 6/2007, S.1-20.

Starbuck, William H. (1992): Learning by knowledge-intensive firms, in: Journal of Management Studies, Vol.26, Nr.6, S.713-740.

Starbuck, William H. (1993): Keeping a butterfly and an elephant in a house of cards: The elements of exceptional success, in: Journal of Management Studies, Vol.30, Nr.6, S.885-921.

Statistisches Bundesamt (2005): Unternehmen der Biotechnologie in Deutschland, Ergebnisse der Wiederholungsbefragung 2004, Wiesbaden.

Stauss, Bernd (2002): Kundenwissensmanagement (Customer Knowledge Management), in: Marketing-Management und Unternehmensführung, hrsg. v. Heymo Böhler, Stuttgart, S.273-295.

Stein, Lothar; Stuchtey, Martin R. (2003): Strategische Entwicklung von Regionen, Silicon Valley ist überall, in: Handbuch Strategisches Management, hrsg. v. Hungenberg/Meffert, Wiesbaden, S.562-578.

Steinke, Ines (2007a): Gütekriterien qualitativer Forschung, in: Qualitative Forschung, Ein Handbuch, hrsg. v. Flick/Kardorff/Steinke, Hamburg, S.319-331.

Steinke, Ines (2007b): Die Gütekriterien qualitativer Marktforschung, in: Qualitative Marktforschung, Konzepte, Methoden, Analysen, hrsg. v. Buber/Holzmüller, Wiesbaden, S.261-283.

Steinheuser, Sylvia (2006): Vertrauen - Erfolgsgarant virtueller Kooperationen, in: Unternehmensführung in dynamischen Netzwerken, Erfolgreiche Konzepte aus der Life-Science-Branche, hrsg. v. Zülch/Barrantes/Steinheuser, Heidelberg, S.7-19.

Steinle, Claus; Schumann, Katja (2003): Gründung von Technologieunternehmen, Merkmale, Erfolg, empirische Ergebnisse, Wiesbaden.

Sternberg, Rolf (2003): Wissensintensität und regionales Umfeld als Determinanten der Entstehung und Entwicklung junger Unternehmen, in: Gründung von Technologieunternehmen, Merkmale, Erfolg, empirische Ergebnisse, hrsg. v. Steinle/Schumann, Wiesbaden, S.219-237.

Sternberg, Rolf; Kiese, Matthias; Schätzl, Ludwig (2004): Clusteransätze in der regionalen Wirtschaftsförderung, Theoretische Überlegungen und empirische Beispiele aus Wolfsburg und Hannover, in: Zeitschrift für Wirtschaftsgeographie, Vol.48, Nr.3/4, S.164-181.

Storper, Michael (1997): The Regional World: Territorial Development in a Global Economy, New York.

Storper, Michael (1999): Theory in Economic Geography: A Brief Response to Markusen and Krugman, USA.

Storper, Michael; Walker, Richard (1989): The Capitalist Imperative, Territory, Technology, and Industrial Growth, New York.

Storper, Michael; Venables, Anthony J. (2004): Buzz: The Economic Force of the City, in: Journal of Economic Geography, Vol.4, S.351-370.

Strauss, Anselm L. (1987): Qualitative Analysis for Social Sciences, Cambridge.

Strauss, Anselm L. (1994): Grundlagen qualitativer Sozialforschung, München.

Strulik, Torsten (2004): Nichtwissen und Vertrauen in der Wissensökonomie, Frankfurt.

Sydow, Jörg; Well, Bennet van (2006): Wissensintensiv durch Netzwerkorganisation - Strukturationstheoretische Analyse eines wissensintensiven Netzwerkes, in: Management von Netzwerkorganisationen, Beiträge aus der „Managementforschung“, hrsg. v. Jörg Sydow, 4.Aufl., Wiesbaden, S.143-186.

Szulanski, Gabriel (1996): Exploring Internal Stickiness: Impediments to the Transfer of Best Practice Within the Firm, in: Strategic Management Journal, Vol.17, S.27-43.

T

Tavares, Ana Teresa; Teixeira, Aurora (2006): Multinationals, Clusters and Innovation, Does Public Policy Matter?, Great Britain.

Teece, David J. (1982): Towards an Economic Theory of the Multiproduct Firm, in: Journal of Economic Behavior and Organization, Vol.3, S.39-63.

Thalmann, Oliver (2004): Finanzierung von jungen Biotechnologieunternehmen (Dissertation), Bern.

Theisen, Manuel R. (2000): Der Konzern, Betriebswirtschaftliche und rechtliche Grundlagen der Konzernunternehmung, 2.Aufl., Stuttgart.

Thiel, Michael (2002): Organisation und Implementierung des Wissenstransfers (Dissertation), Wiesbaden.

Tietzel, Manfred (1981): Die Ökonomie der Property Rights: Ein Überblick, in: Zeitschrift für Wirtschaftspolitik, Vol.30, S.207-243.

Tjaden, Gregor (2003): Erfolgsfaktoren Virtueller Unternehmen, Eine theoretische und empirische Untersuchung (Dissertation), Wiesbaden.

Tödtling, Franz; Lehner, Patrick; Trippl, Michaela (2006): Innovation in Knowledge Intensive Industries: The Nature and Geography of Knowledge Links, in: European Planning Studies, Vol.14, Nr.8, S.1035-1058.

Töpfer, Armin (2006): Beschwerdemanagement, in: Grundlagen des CRM, Konzepte und Gestaltung, hrsg. v. Hippner/Wilde, 2.Aufl., Wiesbaden, S.541-582.

Toutenburg, Helge (2000): Deskriptive Statistik, Eine Einführung mit SPSS für Windows mit Übungsaufgaben und Lösungen, 3.Aufl., Heidelberg.

Trippl, Michael; Tödtling, Franz (2007): Developing Biotechnology Clusters in Non-high Technology Regions - The Case of Austria, in: Industry and Innovation, Vol.14, Nr.1, S.47-67.

Trittmann, Ralph; Brössler, Peter (2001): Effizienter Wissenstransfer in der Softwareentwicklung: Der sd&m-Ansatz, in: Fallstudien zum Wissensmanagement, Lösungen aus der Praxis, hrsg. v. Eppler/ Sukowski, St. Gallen, S.163-188.

Trojan, Jörg (2006): Strategien zur Bewahrung von Wissen, Zur Sicherung nachhaltiger Wettbewerbsvorteile (Dissertation), Wiesbaden.

Trost, Ralf (2006): Die Modellierung des „Arbeitsleids" in Principal Agent-Modellen: pragmatisch oder beliebig?, in: Kapitalmarkt, Unternehmensfinanzierung und rationale Entscheidungen, hrsg. v. Kürsten/Nietert, Heidelberg, S.377-392.

U

Udehn, Lars (2002): The Changing Face of Methodological Individualism, in: Annual Review of Sociology, Vol.28, S.479-507.

Ulrich, Peter (1998): Organisatorisches Lernen durch Benchmarking, Wiesbaden.

Urban, Glen; Eric, Hippel v. (1988): Lead user analysis for the development of new industrial products, in: Management Science, Vol.34, Nr.5, S.569-582.

Uzzi, Brian (1997): Social Structure and Competition in Interfirm Networks, The Paradox of Embeddedness, in: Administrative Science Quarterly, Vol.42, S.35-67.

V

Venkatraman, N.; Henderson, J. C. (1998): Real Strategies for Virtual Organizing, in: Sloan Management Review, Vol.40, Nr.1, S.33-48.

Varian, Hal R. (2001): Grundzüge der Mikroökonomik, 5.Aufl., München.

Venables, Anthony J. (1999): The International Division of Industries: Clustering and Competitive Advantage in a Multi-Industry Model, in: Scandinavian Journal of Economics, Vol.101, Nr.4, S.495-513.

VFA (2007): Verband Forschender Arzneimittelhersteller e.V., Kurzgefasst: So entsteht ein neues Arzneimittel, http://www.vfa.de, 28.11.2007.

Vogt, Jörg (1997): Vertrauen und Kontrolle in Transaktionen: Eine institutionenökonomische Analyse (Dissertation), Wiesbaden.

W

Wagner, Michael (2004): Business Networking im Internet, Interaktive Anbahnung von Kooperationen in Unternehmensnetzwerken (Dissertation), Wiesbaden.

Wahl, Mark (2003): Wissensmanagement im Lebenszyklus von ERP-Systemen (Dissertation), Wiesbaden.

Waldenberger, Franz (1998): Die Evolution von Interfirmenbeziehungen, Tendenzen zur Standardisierung, Ausdifferenzierung und Spezialisierung, in: Workshop für Klein- und Mittelunternehmen in Japan IV, Themenschwerpunkt Netzwerke, hrsg. v. Pascha/Storz, Duisburg, S.40-47.

Walley, Keith (2007): Coopetition, in: International Studies of Management & Organization, Vol.37, Nr.2, S.11-31.

Walter, Benedikt v. (2007): Intermediation und Digitalisierung (Dissertation), Wiesbaden.

Weber, Alfred (1909): Über den Standort der Industrien, Erster Teil: Reine Theorie des Standorts, Tübingen.

Wehnelt, Stephanie (2007): Bio^{M} Biotech Cluster Development GmbH, 10 Jahre erfolgreiche Netzwerke für Deutschlands BioTech Cluster Nummer Eins, http://www.bio-m.org, 13.11.2007.

Weisenfeld, Ursula (2001): Marketing für Innovationen, in: Branchenspezifisches Marketing, Grundlagen, Besonderheiten, Gemeinsamkeiten, hrsg. v. Tscheulin/Helmig, Wiesbaden, S.705-721.

Welge, Martin K.; Al-Laham (2003): Strategisches Management, Grundlagen, Prozess, Implementierung, 4.Aufl., Wiesbaden.

Welge, Martin K.; Holtbrügge, Dirk (2000): Wissensmanagement in Multinationalen Unternehmungen, Ergebnisse einer empirischen Untersuchung, in: Zeitschrift für betriebswirtschaftliche Forschung, Vol.52, S.762-777.

Wengenroth, Kerstin (2006): Geheimhaltungsvereinbarungen aus rechtlicher Perspektive, in: Unternehmensführung in dynamischen Netzwerken, Erfolgreiche Konzepte aus der Life-Science-Branche, hrsg. v. Zülch/Barrantes/Steinheuser, Heidelberg, S.21-36.

Wiegand, Martin (1996): Prozesse Organisationalen Lernens, Wiesbaden.

Wigand, Rolf T.; Benjamin, Robert I. (1995): Electronic Consumer: Effects on Electronic Markets, in: JCMC, Vol.1, Nr.3, S.1-9.

Wikström, Solveig (1996): Value creation by company-consumer interaction, in: Journal of Marketing Management, Vol.12, S.359-374.

Williamson, Oliver E. (1975): Markets and Hierarchies, Analysis and Antitrust Implications, A Study in the Economics of Internal Organization, New York.

Williamson, Oliver E. (1991): Comparative Economic Organization, The Analysis of Discrete Structural Alternatives, in: Administrative Science Quarterly, Vol.36, S.269-296.

Willke, Helmut (1996): Wissensbasierung und Wissensmanagement als Elemente reflektierter Modernität sozialer Systeme, in: Gesellschaft im Umbruch, Verhandlungen des 27. Kongresses der Deutschen Gesellschaft für Soziologie in Halle an der Saale 1995, hrsg. v. Lars Clausen, Frankfurt, S.191-209.

Willke, Helmut (2004): Einführung in das systematische Wissensmanagement, Heidelberg.

Wilson, Mark (2001): Location, Location, Location: The Geography of the dot com Problem, in: Environment and Planning B: Planning and Design, Vol.28, Nr.1, S.59-71.

Wimmer, Frank; Göb, Julika (2006): Customer Intelligence: Marktforschung und Kundenanalyse als Informationsgrundlagen im CRM, in: Grundlagen des CRM, Konzepte und Gestaltung, hrsg. v. Hippner/Wilde, 2.Aufl., Wiesbaden, S.399-418.

Wimmer, Bradley S.; Townsend, Anthony M.; Chezum, Brian E. (2000): Information Technologies and the Middleman: The Changing Role of Information Intermediaries in an Information-Rich Economy, in: Journal of Labor Research, Vol.21, Nr.3, S.407-418.

WIPO (2007): World Intellectual Property Organization, Understanding Industrial Property, http://www.wipo.int/freepublications/en/intproperty/895/wipo_pub_895.pdf, 13.10.07.

Wirtz, Bernd W. (1995): Transaktionales Marketingmanagement und Virtualisierung, in: Der Betriebswirt, Vol.36, Nr.4, S.15-20.

Wirtz, Bernd W. (2000): Electronic Business, Wiesbaden.

Wirtz, Bernd W. (2001): Medien- und Internetmanagement, 2.Aufl., Wiesbaden.

Wöhe, Günter (2002): Einführung in die Allgemeine Betriebswirtschaftslehre, 21.Aufl., München.

Wolgemuth, Oliver (2002): Management netzwerkartiger Kooperationen, Instrumente für die unternehmensübergreifende Steuerung, Wiesbaden.

Woratschek, Herbert; Roth, Stefan (2003): Kooperation: Erklärungsperspektive der Neuen Institutionenökonomik, in: Kooperationen, Allianzen und Netzwerke, Grundlagen, Ansätze, Perspektiven, hrsg. v. Zentes/Swoboda/Morschett, Wiesbaden, S.141-166.

Wüthrich, Hans A.; Philipp, Andreas F. (1998): Virtualisierung als zukunftsweisende Management-Herausforderung!?, in: Die Unternehmung, Vol.52, Nr.5/6, S.253-270.

Z

Zademach, Hans-Martin (2005): Spatial Dynamics in the Markets of M&A, Essays on the Geographical Determination and Implications of Corporate Takeovers and Mergers in Germany and Europe (Dissertation), München.

Zeller, Christian (2001a): Die Biotech-Regionen München und Rheinland, Räumliche Organisation von Innovationssystemen und Pfadabhängigkeit der regionalen Entwicklung, in: Regionale Innovationsnetzwerke im internationalen Vergleich, Band 20, hrsg. v. Grotz/Schätzl, Münster, S.59-82.

Zeller, Christian (2001b): Clustering Biotech: A Recipe for Success? Spatial Patterns of Growth of Biotechnology in Munich, Rhineland and Hamburg, in: Small Business Economics, Vol.17, S.123-141.

Zentes, Joachim; Swoboda, Bernhard; Morschett, Dirk (2003): Kooperationen, Allianzen und Netzwerke, Grundlagen, Ansätze, Perspektiven, Wiesbaden.

Zerdick, Axel; Picot, Arnold; Schrape, Klaus (2001): Die Internet-Ökonomie, 3.Aufl., Berlin.

Zoche, Peter; Joisten, Marina (2004): VirtUSO, Virtuelle Unternehmen (im Spannungsfeld) zwischen Struktur und Offenheit, Zur Relevanz weicher Faktoren für virtuelle Unternehmen, Karlsruhe.

Zucker, Lynne G.; Darby, Michael R.; Armstrong, Jeff (1994): Intellectual Capital and the Firm: The Technology of Geographically Localized Knowledge Spillovers, in: NBER Working Paper, Nr.4946, S.1-21.

Zucker, Lynne G.; Darby, Michael R.; Brewer, Marilynn B. (1998): Intellectual human capital and the birth of US biotechnology enterprises, in: American Economic Review, Vol.88, S.290-306.

Zülch, Joachim; Barrantes, Luis; Steinheuser, Sylvia (2006): Unternehmensführung in dynamischen Netzwerken, Erfolgreiche Konzepte aus der Life-Science-Branche, Heidelberg.

Anhang

A.1: Kartierung der Life Science-Unternehmen am Standort Martinsried

1. AVONTEC GmbH
2. Bavarian Nordic GmbH
3. Biomax Informatics AG
4. Cephalon GmbH
5. Eurofins GmbH
6. Genedata GmbH
7. GenPharmTox AG
8. Gilead Sciences GmbH
9. GPC Biotech AG
10. Ingenium AG
11. IZB 19, 19a
12. MPI Biochem./Neurob.
13. Medicomp GmbH
14. MediGene AG
15. Medpace GmbH
16. Metabion GmbH
17. MorphoSys AG
18. Scil Technology GmbH
19. TopLab GmbH
20. Trigen Holdings AG
21. U3 Pharma AG

A.2: Übersicht der Experteninterviews

Experte	Name, Institution, Position, Tätigkeit, Ort und Interviewdatum
E1	**Domdey, Horst** (2007), Bio^{M} GmbH, Managing Director, Clustersprecher, Martinsried, den 07.09.07.
E2	**Anonym** (2007), Netzwerkkoordination (München), Manager, Marketing and Communications, Martinsried, den 11.09.07.
E3	**Anonym** (2007), Netzwerkkoordination (Bayern), Manager, Clustermanagement, Martinsried, den 11.09.07.
E4	**Anonym** (2007), Clusterunternehmen, Manager, Marketing and Sales, Martinsried, den 14.09.07.
E5	**Kahl, Valentin** (2007), ibidi GmbH, Geschäftsführer, Technical support, Martinsried, den 14.09.07.
E6	**Anonym** (2007), Biotechnologiezulieferer, Geschäftsführer, Marketing and Sales, Martinsried, den 18.09.07.
E7	**Buckel, Peter** (2007), SuppreMol GmbH, Geschäftsführer, CEO, Martinsried, den 18.09.07.
E8	**Anonym** (2007), Biotechnologieunternehmen, Geschäftsführer, FuE, Gräfelfing, den 18.09.07.
E9	**Anonym** (2007), Biotechnologieunternehmen, ehem. Geschäftsführer, CEO, München, den 19.09.07.
E10	**Anonym** (2007), Forschungsinstitut, Referent der Geschäftsführung, Öffentlichkeitsarbeit, Martinsried, den 19.09.07.
E11	**Anonym** (2007), Biotechnologieservices, Forschungsleiter, Research, Martinsried, den 19.09.07.
E12	**Anonym** (2007), Wirtschaftsministerium, Manager, Clusterpolitik, München, den 25.09.07.
E13	**Anonym** (2007), Wirtschaftsministerium, Manager, Innovation/Forschung/Technologie, München, den 25.09.07.
E14	**Anonym** (2007), Wirtschaftsministerium, Manager, Biotechnologiereferat, München, den 25.09.07.
E15	**Anonym** (2007), Biotechnologieunternehmen, Vorstand, Business Development, Martinsried, den 28.09.07.
E16	**Wimbauer, Stefan** (2007), Wirtschaftsministerium, Referatsleiter, Clusterpolitik, München, den 04.10.07.
E17	**Anonym** (2007), Biotechnologieunternehmen, Vice President, Research, Martinsried, den 04.10.07.

Zusatz	**Name, Institution, Position, Tätigkeit, Ort und Interviewdatum**
EZ1	**Anonym** (2007), Klinikum Großhadern, ehem. Referatsleiter, Personal, München, den 04.09.07.
EZ2	**Anonym** (2007), Chemieunternehmen, Key Account Manager, Business Development, Taufkirchen, den 05.09.07.
EZ3	**Anonym** (2007), Bayerische Staatskanzlei, Referent der Geschäftsführung, Öffentlichkeitsarbeit, München, den 15.10.07.
EZ4	**Anonym** (2007), Grafik- und Webdesign, Geschäftsführer, Management, München, den 17.10.07.
EZ5	**Anonym** (2007), Internetportal, Key Account Manager, Marketing and Sales, München, den 18.10.07.
EZ6	**Anonym** (2007), Biotechnologieunternehmen, Geschäftsführer, Managment/Research, Martinsried, den 29.10.07.

A.3: Interviewleitfaden

Modul I: Untersuchung der Clusterstrukturen und Wirtschaftsakteure

Die erste Studie zum Biotechnologie- und Pharmastandort München im Jahre 2005 von der Industrie und Handelskammer ergab, dass mehr als 25% der Unternehmen mit der interorganisationalen Vernetzung, dem sog. Clustereffekt, unzufrieden waren (vgl. IHK 2005, S.31ff.).

Frage 1: Auf welche Faktoren könnte dieses Ergebnis zurückzuführen sein? (Rangreihung)

Frage 2: Welche Möglichkeiten stehen den Wirtschaftsakteuren für den Informationsaustausch zur Verfügung und in welchem Umfang werden diese Angebote wahrgenommen? (Rangreihung)

Frage 3: Wo sehen Sie weiteren Handlungsbedarf bei der Verbesserung der Clusterstrukturen, um einen effizienten Informationsaustausch zu gewährleisten?

In der wissenschaftlichen Literatur wird das Spannungsverhältnis zwischen Forschung und Praxis unter dem Gesichtspunkt unterschiedlicher Lebens-, Sprach und Wissensformen diskutiert. Dabei stehen Kommunikationsprobleme zwischen Akteuren mit unterschiedlichen Wissensständen, z.B. zwischen Technikern und Kaufleuten, im Untersuchungsfokus (vgl. Kirsch 2001, S.287).

Frage 4: Wieviel branchenbezogenes Wissen ist beispielsweise bei der Kommunikation zwischen Biotechnologieunternehmen und Kapitalgebern notwendig? Existieren dafür rationale Kommunikationsstandards, z.B. Spezifikationen, Kennzahlensysteme, Schnittstellen, etc.?

Frage 5: Worin sehen Sie Verbesserungspotentiale, um den Wissenstransfer zwischen den unterschiedlichen Wirtschaftsakteuren zu fördern?

Frage 6: Welche Rolle spielt die räumliche Nähe im Cluster für den Kommunikationsprozess? Bitte verteilen Sie nach Ihrer subjektiven Einschätzung 100 Punkte nach der Häufigkeit Ihrer Interaktionen mit Wirtschaftsakteuren im Cluster, in der Region sowie auf nationaler und internationaler Maßstabsebene.

Häufigkeit der Interaktionsbeziehungen (100 Punkte):

	+		+		+		=	**100 Punkte**
Im Cluster		Region		National		International		

Wichtigste Kommunikationsformen (z.B. face-to-face, Telefon, E-Mail, etc.):

Modul II: Einbezug der „Wissensatmosphäre"

Laut der Wiederholungsbefragung von Biotechnologieunternehmen in Deutschland 2005 durch das Statistische Bundesamt behindern neben Liquiditäts- und Finanzierungsengpässen insbesondere rechtliche Hürden, z.B. bei der Stammzellenforschung oder Gentechnik, die Innovationskraft in der Biotechnologiebranche (vgl. u.a. Destatis 2005, S.5f.).

Frage 7: Mit welchen Maßnahmen kann ein besseres Verständnis in Politik und Gesellschaft für die biotechnologische Forschung erreicht werden? (Rangreihung)

Frage 8: Bei welchen sozioökonomischen Regulationsmechanismen, z.B. staatliche Vorschriften, kulturelle Normen, etc. sehen Sie gegenüber ausländischen Standorten Verbesserungspotential?

Modul III: Analyse des Kundenwissens

Neben einem aktiven Management des Kundenwissens über ein Unternehmen integrieren neuere Theorieansätze den Kunden als Informationslieferanten in den Innovations- und Wertschöpfungsprozess (vgl. Hippner/Wilde 2006, S.414; Reichwald/Piller 2006, S.57).

Frage 9: Inwieweit orientiert sich die biotechnologische Forschung an der Nachfragestruktur und bindet dabei Kunden aktiv in den Forschungsprozess mit ein?

Frage 10: Inwieweit findet ein Wissenstransfer durch interorganisationale Teamstrukturen und der Bündelung komplementärer Kompetenzen im Biotechnologienetzwerk statt?

Modul IV: Optimierung der Produktionsstruktur

Untersuchungen der Biotechnologiebranche in Deutschland im Jahre 2006 durch Ernst & Young und der Bio^{M} *GmbH ergaben, dass von 200 erforschten Wirkstoffen weniger als 1% die Zulassung für die weitere Produktvermarktung erhalten haben (vgl. Ernst & Young 2006; Bio*^{M} *GmbH 2007).*

Frage 11: Beschreiben Sie bitte anhand der vorliegenden Wertschöpfungskette wo die „kritischen Ereignisse" bei der Entwicklung, Herstellung und dem Absatz neuer Wirkstoffe liegen?

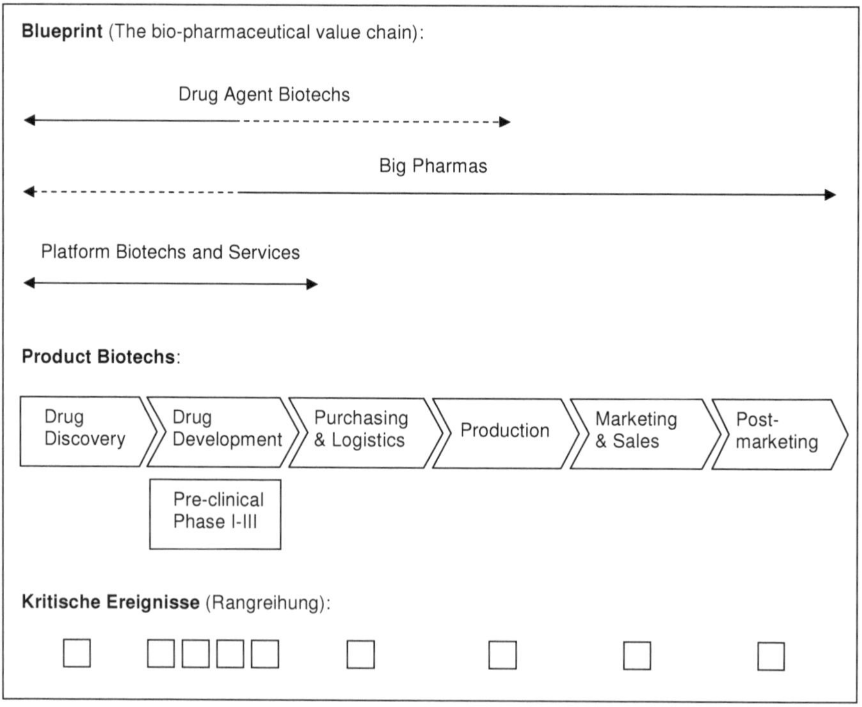

Quelle: Eigene Darstellung, in Anlehnung an Chiesa/Chiaroni 2005, S.20.

Erläuterungen (z.B. Kostenintensität, Risiken des Scheiterns, Wissensbedarf):

Frage 12: An welchen Schnittstellen lassen sich Module mit wissensökonomischer Reife, d.h. die nachgelagerte Wertschöpfungsstufe muss auf kein implizites Wissen der vorgelagerten Stufe zurückgreifen, abgrenzen?

In einer Studie zum Kooperationsverhalten der Biotechnologiebranche in Mitteldeutschland 2006 durch das Institut für Wirtschaftsforschung Halle gaben die befragten Biotech-Firmen die Offenlegung von internem Wissen, den sog. Wissensabfluss, als einen der häufigsten Gründe für die mangelnde Netzwerkteilnahme an (vgl. IWH 2006, S.84).

Frage 13: Wie beurteilen Sie das Problem des Wissensabflusses für Unternehmen im Biotechnologiecluster in Martinsried?

Frage 14: Welche Anforderungen erwarten Sie von einem effizienten Wissensmanagement und wie könnten Sie sich die Implementierung im Biotechnologiecluster vorstellen?

Quellenverzeichnis

Bio^{M} GmbH (2007): Ein ausgezeichneter Ort der Ideen: 10 Jahre Münchner Biotech Cluster, Müchen.

Chiesa, Vittorio; Chiaroni, Davide (2005): Industrial Clusters in Biotechnology, Driving Forces, Development Processes and Management Practices, London.

Destatis (2005): Unternehmen der Biotechnologie in Deutschland, Ergebnisse der Wiederholungsbefragung 2004, Wiesbaden.

Ernst & Young (2006): Zurück in die Zukunft, Deutscher Biotechnologie-Report 2006, München.

Hippner, Hajo; Wilde, Klaus D. (2006): Grundlagen des CRM, Konzepte und Gestaltung, 2.Aufl., Wiesbaden.

IHK (2005): Biotechnologie- und Pharmastandort München 2005, München.

IWH (2006): Kooperationsverhalten, Vernetzung und einzelwirtschaftliche Effekte von Unternehmen der Kunststoff- und Biotechnologiebranche in Mitteldeutschland, Halle.

Kirsch, Werner (2001): Die Führung von Unternehmen, München.

Reichwald, Ralf; Piller, Frank (2006): Interaktive Wertschöpfung, Open Innovation, Individualisierung und neue Formen der Arbeitsteilung, Wiesbaden.

A.4: Quantitativer Fragebogen

1. Wissensquellen

Bitte beantworten Sie in Stichworten folgende Fragen: [Nennungen]

- Was sind die wichtigsten Informationsquellen, die Sie für Ihre berufliche Tätigkeit nutzen?
- Was sind die wichtigsten Datenbanken, die Sie für Ihre berufliche Tätigkeit nutzen?
- Was sind die wichtigsten Internetseiten, die Sie für Ihre berufliche Tätigkeit nutzen?
- Was sind die wichtigsten Informationen, die Sie von der Bio^{M} erhalten?
- Zu welchen Themen würden Sie sich weitere Informationen von der Bio^{M} wünschen?

2. Wissensmanagement der Bio^{M}

Bitte beurteilen Sie die folgenden Aktivitäten: [5-stufige Likert-Skala mit den Polen „unwichtig“ und „sehr wichtig“]

- Wie wichtig sind für Sie Beratungsdienstleistungen (z.B. bei Finanzierungsfragen) der Bio^{M}?
- Wie wichtig sind für Sie Kontaktveranstaltungen (z.B. Events, Stammtische) der Bio^{M} für den Informationsaustausch mit anderen Unternehmen?
- Wie wichtig sind für Sie Fortbildungskurse (z.B. Crash-Kurse, Seminare) der Bio^{M}, um neues Wissen zu erwerben?
- Wie wichtig ist für Sie die Vermittlung von Ansprechpartnern (z.B. für Kooperationsprojekte) durch die Bio^{M}, um schneller den richtigen Wissensträger zu finden?
- Wie wichtig würden Sie eine gemeinsame Onlineplattform (z.B. Informationstools, Chatforen) für den Informationsaustausch einschätzen?

- Wie wichtig würden Sie eine Informationsfilterung (z.B. Marktanalysen, erweitertes Newsletterangebot, Suchanfragen) durch die Bio^M einschätzen?
- Wie wichtig würden Sie einen virtuellen Einkaufsverbund (z.B. Datenbanklizenzen, „Lets-buy-it.com“) einschätzen?

3. Zahlungsbereitschaft für Aktivitäten der Bio^M

Wie hoch wäre Ihre jährliche Zahlungsbereitschaft für ... [Werte in EUR]

- ... die Nutzung aller Beratungsdienstleistungen der Bio^M?
- ... die Teilnahme an allen Kontaktveranstaltungen der Bio^M?
- ... die Teilnahme an allen Fortbildungskursen der Bio^M?
- ... die Vermittlung von Ansprechpartnern durch die Bio^M?
- ... eine gemeinsame Onlineplattform?
- ... für eine Informationsfilterung durch die Bio^M?
- ... für einen virtuellen Einkaufsverbund?

4. Netzwerkaktivitäten

Bitte beurteilen Sie folgende Kooperationsformen: [5-stufige Likert-Skala mit den Polen „unwichtig“ und „sehr wichtig“]

- Wie wichtig empfinden Sie den Informationsaustausch mit Unternehmen am Standort Martinsried?
- Wie wichtig empfinden Sie befristete Projektnetzwerke mit Unternehmen am Standort Martinsried?
- Wie wichtig empfinden Sie langfristige Kooperationen mit Unternehmen am Standort Martinsried?
- Wie wichtig empfinden Sie den Informationsaustausch mit internationalen Unternehmensnetzwerken?
- Wie wichtig empfinden Sie den Informationsaustausch mit akademischen Netzwerken?

5. **Wie beurteilen Sie die Kapitalbeschaffung für Ihr Unternehmen?** [5-stufige Likert-Skala mit den Polen „sehr schwierig" und „sehr einfach"]

6. **Wie beurteilen Sie den Verschuldungsgrad Ihres Unternehmens?** [5-stufige Likert-Skala mit den Polen „sehr niedrig" und „sehr hoch"]

7. **Wie beurteilen Sie die Finanzmittelausstattung (Free Cash Flow), die Ihrem Unternehmen für Investitionen zur Verfügung steht?** [5-stufige Likert-Skala mit den Polen „sehr niedrig" und „sehr hoch"]

8. **Welche Maßnahmen würden Sie vor dem Hintergrund der finanziellen Situation Ihres Unternehmens eher durchführen?** [Polaritätenprofil]

   - Patente auslizenzieren ... Patente einlizenzieren
   - Mitarbeiter ausstellen ... Mitarbeiter einstellen
   - Beratungsdienstleistungen anbieten ... Beratungsdienstleistungen nachfragen
   - Kooperationen eingehen ... Kooperationen vermeiden
   - Wertschöpfungsaktivitäten outsourcen ... Wertschöpfungsaktivitäten insourcen

9. **Bitte geben Sie folgende Angaben zu Ihrem Unternehmen an:**

   - An welchem Standort befindet sich Ihr Unternehmen?
   - Wie viele Mitarbeiter beschäftigt Ihr Unternehmen?
   - Welchem Tätigkeitsbereich lässt sich Ihr Unternehmen zuordnen?